U0005002

康狗鮮食

針對疾病、症狀與目的之愛犬飲食百科

須崎動物醫院院長・須崎恭彥◎著　高慧芳◎譯

晨星出版

POINT 1 配合不同症狀或目的，有效地攝取最需要的五種營養素！

為了維持身體的健康，所有的營養素對狗狗來說當然都是必須的，只是當狗狗身上出現令人在意的症狀時，飼主想必很想知道「哪一種營養素能有助於改善目前的身體狀況」，此時就可以先從這裡開始查閱。

POINT 2 不須進行複雜的營養計算和熱量計算工作！

每隻狗狗的消化吸收能力都不一樣，而且狗狗也無法將吃下去的食物完全地消化吸收，即使是相同的飲食也可能分別養出胖瘦完全不同的個體，因此要幫狗狗準備鮮食，首先從穀類：肉類、魚類：蔬菜類＝１：１：１開始即可。

第一類 穀類　第二類 肉、魚、蛋、乳製品　第三類 蔬菜、海藻、水果

1 : 1 : 1

針對不同症狀、目的，狗狗最需要的 **五大有效營養素**

維持健康

	BEST1	BEST2	BEST3	BEST4	BEST5
幼犬	蛋白質	鈣	維生素D	維生素E	維生素C
母犬	維生素E	礦物質	蛋白質	鈣	EPA、DHA
運動量大的狗狗	胺基酸	維生素B_6	維生素C	維生素E	維生素A
成犬	醣類	脂質	蛋白質	維生素C	礦物質
高齡犬	維生素C	β-葡聚醣	蛋白質	維生素E	EPA、DHA

改善症狀

	BEST1	BEST2	BEST3	BEST4	BEST5
口內炎 牙周病	維生素A	維生素B_1	維生素U	維生素B_2	菸鹼酸
細菌、病毒、黴菌感染症	維生素A	維生素C	EPA、DHA	維生素B_2	維生素E
排泄不順	皂苷	牛磺酸	花青素	維生素C	維生素E
異位性皮膚炎	穀胱甘肽	EPA、DHA	牛磺酸	維生素B_6	生物素
癌症、腫瘤	葉酸	礦物質	EPA、DHA	維生素B_6	維生素B_{12}
膀胱炎 尿路結石	維生素A	EPA、DHA	維生素C	維生素E	維生素B_2
消化系統疾病 腸炎	維生素A、β-胡蘿蔔素	維生素U	膳食纖維	維生素B_{12}	鋅
肝病	維生素B_1	維生素B_2	維生素B_{12}	維生素C	維生素E
腎臟病	EPA、DHA	蝦青素	植物性蛋白質	維生素C	維生素A
肥胖	維生素B_1	維生素B_2	離胺酸 （甲硫胺酸）	膳食纖維	亞麻油酸
關節炎	蛋白質	軟骨素	葡萄糖胺	鈣	維生素C
糖尿病	硒	鋅	維生素B_1	維生素C	維生素A
心臟病	EPA、DHA	膳食纖維	維生素E	輔酶Q_{10}	維生素C
白內障	維生素C	維生素E	蝦青素	DHA	維生素A
外耳炎	維生素C	維生素A	EPA	卵磷脂	α-次亞麻油酸
跳蚤、壁蝨、外寄生蟲感染	皂苷	生物素	維生素A	菊糖	硫

打造強健身體與聰明頭腦的鮮食

狗狗能否擁有即使感染到病原體，也能抵抗的身體及聰明的頭腦，取決於牠們的飲食！

讓狗狗強壯又聰明的要點

想讓狗狗擁有強壯的身體，祕訣就在於強化和維持狗狗的肌力、黏膜對於細菌或病毒入侵的抵抗力、血液循環以及體內的免疫力。而富含蛋白質的食材對維持肌力來說非常重要。

此外，由於黏膜為病原體入侵的必經之路，因此能夠強化黏膜的維生素A（β-胡蘿蔔素）也很重要。而狗狗的體內在必要時，能將黃綠色蔬菜所含的β-胡蘿蔔素轉換成身體所需的維生素A。

狗狗的身體一旦遭受病原體的感染，為了將病原體排除會釋出活性氧，但有時會有釋出過多的情況發生，此時就需要具有抗氧化功能的維生素C和維生素E發揮作用。富含β-葡聚醣能夠提昇免疫力的菇類，也是非常適合狗狗食用的食材。

若想讓狗狗的頭腦發育健全，則是在狗狗平常的飲食中，就要攝取富含DHA、蛋白質、醣類、維生素B_1、菸鹼酸等營養素的食材。

打造不會被疾病打敗的身體

五大營養素

1 蛋白質 打造健康的身體、強化抵抗力
含有營養素的食材 ---- 雞肉、蛋、牛肉、豬肉、沙丁魚、竹莢魚、鱈魚、鮪魚、鮭魚、豆漿、豆腐、大豆、乳製品

2 維生素A 強化黏膜、預防病原體入侵和發生感染症
含有營養素的食材 ---- 雞肝、蛋黃、鰻魚、海苔、山茼蒿、胡蘿蔔、南瓜、菠菜、小松菜、埃及國王菜

3 維生素C 強化免疫功能、預防細菌或病毒感染、對抗壓力
含有營養素的食材 ---- 青花菜、花椰菜、青椒、番茄、南瓜、菠菜、水果

4 維生素E 去除活性氧、促進血液循環、防止老化
含有營養素的食材 ---- 沙丁魚、植物油、南瓜、芝麻、杏仁、酪梨

5 β-葡聚醣 強化免疫力、抗癌作用
含有營養素的食材 ---- 香菇、鴻喜菇、舞菇、金針菇

打造聰明的頭腦

五大營養素

1 DHA、EPA 活化腦細胞、安定神經
含有營養素的食材 ---- 竹莢魚、鯖魚、鰻魚、鮪魚、鰤魚、秋刀魚等，主要以青魚類所含較為豐富。

2 蛋白質 提昇大腦功能
含有營養素的食材 ---- 雞肉、蛋、牛肉、豬肉、沙丁魚、竹莢魚、鱈魚、鮪魚、鮭魚、豆漿、豆腐、大豆、乳製品

3 醣類 維持腦部和神經的正常功能運作
含有營養素的食材 ---- 白米、糙米、薏仁、烏龍麵、蕎麥麵、小麥、番薯、水果

4 維生素B_1 幫助醣類代謝
含有營養素的食材 ---- 豬肉、雞肝、鮭魚、沙丁魚、糙米、大豆、納豆、豆腐、四季豆、菠菜

5 菸鹼酸 形成腦內的神經傳導物質、輔助腦神經功能運作
含有營養素的食材 ---- 雞肝、豬肉、雞肉、竹莢魚、鰹魚、糙米、花生、乳製品、黃綠色蔬菜

自製鮮食充滿生機盎然的營養

稍微想一下就會知道，並沒有所謂的狗狗專用食材！

狗飼料是一種速食食品

速食食品是相當方便的食品，我並不會完全站在否定速食食品的立場，只是無法贊同所謂「狗狗吃了速食食品（狗飼料）以外的食物就會生病」的這種觀念而已。這是因為狗狗具有適應能力，不論是速食的狗飼料或是自製鮮食，牠們都有辦法利用其中的營養。這一點已受到全國所有為狗狗製作鮮食的飼主們所證明，沒有什麼可否認的餘地。

新鮮食材是營養素的寶庫

在自然界裡，假設有一種動物在獵物冬眠的冬季時期裡，能夠以果實為食，那麼在生存方面肯定比只能以肉類為食的動物有利。而狗狗原本就是偏向雜食性的肉食動物，因此不但不屬於「只能吃肉否則就會生病的生物」，也不會「一旦吃了蔬菜就會導致生病」。此外還有一個事實是，經過的加工程序越多，食材中的營養素就越會流失。因此飼主們最好都能靈活運用加工食品和新鮮食材。

雖然飼料的成分種類非常多，但其實能輕易地從鮮食中攝取！

拿起狗飼料的包裝袋仔細研究，會發現上面列了一大堆密密麻麻聽都沒聽過的原料或成分，乍看之下雖然會覺得很複雜，但除了防腐劑和添加物之外，其實全部都能替換成身邊常見的食材。而且還有一個優點，那就是從新鮮食品中一次就能攝取到非常多種的營養素。

狗飼料所列出的成分	能替換的食材
（例1） ● 胺基酸螯合銅 ● 菸鹼酸 ● 泛酸鈣 ● 泛酸 ● 生物素 ● 維生素A醋酸鹽 ● 維生素B_{12} ● 維生素B_{12}增補劑 ● 氯化膽鹼 ● 碳酸鈷 ● 銅蛋白	**牛肝**
（例2） ● 亞硫酸氫鈉維生素K3（維生素K活性源） ● 絲蘭萃取物 ● 絲蘭抽出物 ● 枯草菌發酵物 ● 黑麴菌發酵物 ● 粗灰分 ● 腸球菌發酵物 ● 乳酸球菌發酵物 ● 米麴菌發酵物	**納豆**
（例3） ● 胺基酸螯合鋅 ● 氧化鋅 ● 葉酸 ● 硫酸鋅	**小松菜**
（例4） ● 胺基酸螯合錳 ● 錳蛋白 ● 氧化錳 ● 硫酸錳	**海苔**

每次的餵食量約等於狗狗「頭蓋骨的大小」！

餵食量的標準

幫狗狗準備自製鮮食的飼主們最常提出的疑問就是「餵食量的標準」。

狗狗所需的每餐餵食量和每日餵食次數？

正確的答案是「由於每隻狗狗都不一樣，所以必須觀察餵食後的情形並視情況加以調整」。不過如果真的要提供一個標準的話，一開始可利用狗狗「頭蓋骨的大小」作為標準。而如果狗狗比較胖的話，可將餵食量減少，或維持原來的分量但增加飲食中蔬菜的比例；相反地如果狗狗偏瘦的話，則可增加餵食量，或維持原來的分量但調高米飯或肉類的比例。

狗狗每餐的餵食量可利用牠們頭蓋骨的尺寸大小來推算

利用換算表來推算狗狗的餵食量

成長階段	換算率	餵食次數	小型犬	中、大型犬
離乳期	2	4	出生後六～八週	出生後六～八週
發育期前期	2	4	出生後二～三個月	出生後二～三個月
發育期	1.5	3	出生後三～六個月	出生後三～九個月
發育期後期	1.2	2	出生後六～十二個月	出生後九～廿四個月
成犬維持期	1	1～2	一～七歲	二～五歲
高齡期	0.8	1～2	七歲以後	五歲以後

※不同成長階段之換算表

不同體重之換算指數表

體重（kg）	換算率
1	0.18
2	0.30
3	0.41
4	0.50
5	0.59
6	0.68
7	0.77
8	0.85
9	0.92
10	1.00
11	1.07
12	1.15
13	1.22
14	1.29
15	1.36
16	1.42
17	1.49
18	1.55
19	1.62
20	1.68
21	1.74
22	1.81
23	1.87
24	1.93
25	1.99
26	2.05
27	2.11
28	2.16
29	2.22
30	2.28

體重（kg）	換算率
31	2.34
32	2.39
33	2.45
34	2.50
35	2.56
36	2.61
37	2.67
38	2.72
39	2.77
40	2.83
41	2.88
42	2.93
43	2.99
44	3.04
45	3.09
46	3.14
47	3.19
48	3.24
49	3.29
50	3.34
51	3.39
52	3.44
53	3.49
54	3.54
55	3.59
56	3.64
57	3.69
58	3.74
59	3.79
60	3.83

體重（kg）	換算率
61	3.88
62	3.93
63	3.98
64	4.02
65	4.07
66	4.12
67	4.16
68	4.21
69	4.26
70	4.30
71	4.35
72	4.39
73	4.44
74	4.49
75	4.53
76	4.58
77	4.62
78	4.67
79	4.71
80	4.76
81	4.80
82	4.85
83	4.89
84	4.93
85	4.98
86	5.02
87	5.07
88	5.11
89	5.15
90	5.20

以出生後四個月處在發育期、體重8公斤的狗狗為例

不同成長階段之換算表中指數為1.5。

不同體重之換算指數表中，體重8公斤的指數為0.85。

以體重10公斤的成犬每日所需的標準餵食量400克為標準，換算下來就是：

400克 × 1.5 × 0.85＝510克

以此類推，只要乘以各個換算表所列的指數，同樣也可以算出各材料的分量。

例如雜菜粥中白飯的標準量如果是100克的話，換算下來就是：

100克 × 1.5 × 0.85＝127.5克

利用這種方式還可算出其他材料的用量，在計算餵食量時非常方便。

腸胃比較敏感的狗狗必須慢慢地轉換食物

飲食改為自製鮮食的轉換方式

有些狗狗會無法適應突然的飲食變化

就像我們人類早上吃和食、中午吃中菜、晚上吃西餐並不會有什麼健康上的問題一樣，幾乎所有的狗狗從原本習慣的飲食突然轉換成自製鮮食時，也不會出現嚴重的健康問題，通常都能順利地接受新的飲食。不過也有些狗狗可能因為病原體感染或其他原因導致腸胃比較敏感，無法適應突然的環境變化而出現腸胃不適的症狀。這種暫時性的下痢其實是一種「重建腸內環境的現象」，不過如果飼主還是會擔心的話，建議可以慢慢地逐步轉換食物。

轉換食物的流程表

天數	原先的餵食量		自製鮮食的餵食量
第1～2天	9	:	1
第3～4天	8	:	2
第5～6天	7	:	3
第7～8天	6	:	4
第9～10天	5	:	5
第11～12天	4	:	6
第13～14天	3	:	7
第15～16天	2	:	8
第17～18天	1	:	9
第19～20天	0	:	10

狗狗吃壞肚子的時候，葛粉比藥更有效！

最疼愛的毛孩子突然拉肚子的時候，想必飼主一定會嚇了一跳。為了避免在這個時候慌慌張張地不知如何是好，請大家記住一件事，那就是「狗狗吃壞肚子的時候，葛粉比藥更有效」！葛粉的黏性對腸道內壁有極佳的保護效果，所以非常適合用來調整狗狗的腸內環境。此外因為能促進血液循環，所以有強化肝腎功能和提高免疫能力的功效，而且安定自律神經的效果也很值得期待。雖然葛粉因為無法大量生產所以價格較高，但的確有其價值。

葛粉湯、葛粉糕食譜

【材料】

純葛粉　一大匙（製作葛粉湯用）
　　　　三大匙（製作葛粉糕用）

高湯、煮肉或煮魚的湯汁
　180～240㎖（分量可依喜好調整）

【作法】

1　在鍋中加入葛粉和少量的水（不算在應加的水量內）攪拌均勻，確認沒有結塊。

2　將高湯或煮出的湯汁加入鍋裡攪拌均勻後開火加熱，加熱期間用木杓不斷攪拌，直到煮成透明糊狀為止。

3　確定放涼之後再裝到容器裡。

營養湯

【材料】

蔬菜、肉類、魚、海藻、菇類　適量

【作法】

1　將所有材料放入鍋裡，並加水蓋過所有食材，蓋上鍋蓋後以小火煮30～40分鐘。

2　將煮出來的湯汁用廚房紙巾過濾後再放涼。

※一次多煮一點冷凍保存會更方便。

親手做健康狗鮮食

CONTENTS

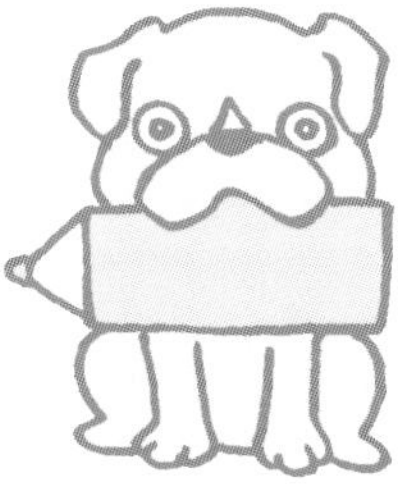

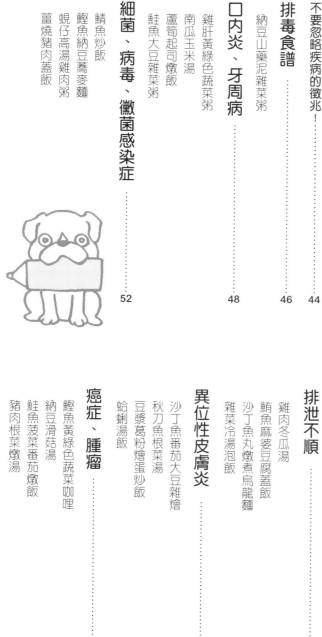

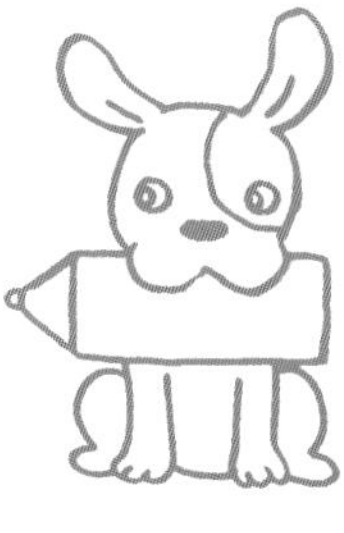

PART 3 自製鮮食讓疾病痊癒了！真實案例食譜26連發

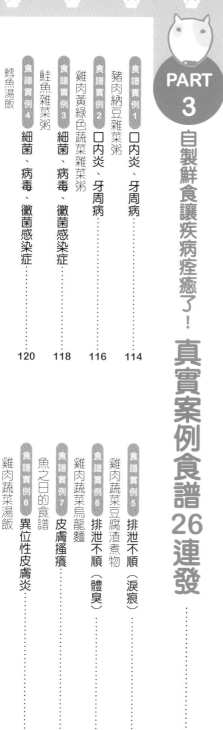

PART 1

打造健康身體的鮮食

自製鮮食的基本原則

全國為狗狗準備鮮食的飼主們認證過的標準

擔心狗狗「可能會營養不均衡」的飼主們，請先從本原則開始進行。

「三類食物＋α＋水」就能解決飼主對營養是否均衡的擔憂！

自製鮮食和從粉狀凝固成顆粒的乾飼料不同，不容易保持一定的條件，因此很難取得科學性的數據，必須透過經驗才能進行預測。

筆者一開始也是以寵物飼料營養標準之一的ＡＡＦＣＯ（美國飼料管理協會）建議的標準為依據，提供符合其營養比例的嚴密食譜給飼主，可是飼主們總是反映：「按照這種標準每天持續準備鮮食實在太困難了。」

能夠輕鬆地持之以恆才是讓愛犬健康的祕訣

接著幾乎所有飼主都會坦白地說：「不瞞醫師，其實我都是『隨意』地準備鮮食，但就算是這樣的鮮食也讓狗狗的精神變好了！」由此可知對自製鮮食來說，「能夠輕鬆地持之以恆」是非常重要的。經過全國為狗狗準備自製鮮食的飼主們實踐後證明，鮮食就算沒有經過複雜的營養計算工作，只要依照「穀類：肉、魚類：蔬菜類＝１：１：１＋α」這個基本原則，就能讓狗狗變得更加健康有活力。

食材的組合搭配方式

第一類		第二類		第三類		油脂類
穀類	＋	肉類、魚類、蛋、乳製品	＋	蔬菜、海藻	＋	調味類食材

比例

1 ： 1 ： 1 ＋ α

自製鮮食＝三類食物＋α＋水

第一類 穀物類食物

愛犬活力的基礎，是不可或缺的能量來源！

包含的食材 ▶ 白米、糙米、烏龍麵、蕎麥麵、雜糧、義大利麵、薯類、其他

＋

第二類 肉類、魚類、蛋、乳製品

打造強健身體不可或缺的動物性蛋白質

包含的食材 ▶ 雞肉、牛肉、豬肉、肝臟、青魚類、雞蛋、起司、貝類、其他

＋

第三類 蔬菜、海藻類

調節體內平衡改善身體健康的食材！

包含的食材 ▶ 黃綠色蔬菜、高麗菜、菇類、大豆製品、海藻類、其他

＋

α 油脂類

讓烹調好的食物增添香氣

包含的食材 ▶ 雞皮、植物油、其他

α 調味類

自製鮮食的基礎就是美味的高湯

包含的食材 ▶ 小魚乾、小蝦、柴魚片、魩仔魚乾、其他

＋

大量的水分

首先從這道鮮食料理開始吧！

有益健康的萬能食譜

不用學習困難的營養學也沒關係，很多飼主都是從這道食譜開始，一起來試試看吧！

輕鬆簡單，和餵乾飼料一樣方便！讓飼主每天都能持之以恆的營養滿分雜菜粥

打敗生活習慣病的五大營養素

1 膳食纖維

排出腸道內的有害物質、預防癌症、防止肥胖

含有的食材 ---- 牛蒡、青花菜、番薯、紅豆、羊栖菜、海帶芽、糙米、四季豆、杏仁

2 EPA、DHA

溶解血栓讓血流更順暢、減少體內的中性脂肪

含有的食材 ---- 竹莢魚、鯖魚、鰻魚、鮪魚、鰤魚、鮭魚、秋刀魚等，主要以青魚類的含量較多

3 礦物質

幫助體內代謝

含有的食材 ---- 羊栖菜、海帶芽、昆布、糙米、凍豆腐、魩仔魚乾、大豆

4 抗氧化物質（維生素A、C、E、異黃酮、多酚類等）

消除體內的活性氧

含有的食材 ---- 鮭魚、大豆、花生、香菇、鴻喜菇、高麗菜、大蒜*、黃綠色蔬菜也含有此類物質

（＊譯註：大蒜對狗狗具有毒性且目前尚未確認安全劑量，可能造成溶血性貧血，使用時須斟酌其風險）

5 皂苷

排出體內的代謝廢物、抑制膽固醇的吸收、提高狗狗的自癒能力

含有的食材 ---- 大豆、豆腐、紅豆、豆腐渣、味噌、黑豆、蘆筍

增強體力！打造健康的身體

黃綠色蔬菜鮭魚雜菜粥

烹調重點

「將含有多種維生素能強化免疫力的蔬菜、富含礦物質的海藻、優質蛋白質與醣類（白飯）加以搭配組合的一道鮮食。比起使用固定的食材，建議可以依季節選用當季的蔬菜或魚類。先炒再煮可讓脂溶性和水溶性維生素的吸收效率都變得更好。海帶芽或香菇若能事先做成粉末備用的話會更方便。」

【材料】

● **鮭魚**
含有DHA、EPA的蛋白質來源。

● **糙米飯**
富含礦物質的能量來源。

● **胡蘿蔔**
β-胡蘿蔔素的寶庫，為代表性的黃綠色蔬菜。

● **小松菜**
澀味少可輕鬆烹調的綠色蔬菜，豐富的β-胡蘿蔔素與維生素C最適合用來強化狗狗的免疫力。

● **牛蒡**
豐富的膳食纖維有極佳的清腸效果。

● **豆腐**
含有大豆皂苷，能提昇狗狗的自癒能力。

● **香菇**
β-葡聚醣能強化免疫力。

● **芝麻油**
能量來源。

【作法】

1 將鮭魚、胡蘿蔔、小松菜、牛蒡、豆腐、香菇切成容易入口的大小。

2 將芝麻油倒入鍋中加熱後，放入鮭魚、牛蒡和胡蘿蔔加以拌炒。

3 接著再將豆腐、香菇、小松菜、糙米飯放入鍋內並加水蓋過所有食材，煮到所有食材變軟為止。等放涼到人類皮膚表面的溫度後即可盛裝。

幼犬（三週齡～一歲左右）

身體發育和決定食物喜好的重要時期！

為了打造強健的身體，幼犬不僅需要攝取鈣質與蛋白質，更需要「所有」的營養素，所以請讓牠們嘗試各式各樣的食物吧。

基本健康管理

就像人類的嬰兒藉由離乳食品成長茁壯一樣，狗狗也可藉由自製鮮食而健康地成長。雖然有些飼主會擔心「只吃鮮食會不會營養不均」，但只要不是「每天只讓狗狗吃高麗菜粥」這種極端的餵食法，就不會有什麼問題。此外，這個時期也是決定狗狗食物喜好的時期，因此飼主最好能讓狗狗儘量接觸到不同種類的食物，養成不挑剔、什麼食物都願意吃的習慣，因為不偏食的狗狗才會擁有健壯的身體！

幼犬應積極攝取的五大營養素

1 蛋白質

作為構成肌肉、臟器和血液的成分，是最重要的營養素！

含有的食材 ---- 雞蛋、牛後腿肉、豬後腿肉、雞肉（里肌肉、雞胸肉）、鱈魚、沙丁魚、鰹魚

2 鈣

讓骨骼和牙齒更強壯

含有的食材 ---- 魩仔魚乾、櫻花蝦、大豆、海藻類、優格

3 維生素 D

促進鈣、磷的吸收，打造強健的骨骼

含有的食材 ---- 沙丁魚、鯖魚、乾香菇、鴻喜菇、蛋黃、雞肝、魩仔魚乾

4 維生素 E

提高狗狗對抗感染症的抵抗力

含有的食材 ---- 核桃、植物油、大豆、南瓜、鰹魚、山茼蒿

5 維生素 C

提高狗狗對抗感染症的抵抗力

含有的食材 ---- 白蘿蔔、青花菜、花椰菜、南瓜、小松菜、番薯、胡蘿蔔、甜椒、番茄

獨到之處就在於將蔬菜磨成泥以便幼犬更容易消化吸收

牛肉南瓜湯飯

烹調重點

「選擇脂肪少的紅肉做為構成肌肉、骨骼的蛋白質來源，最後再加入植物油補充維生素E。」

【材料】

●**牛後腿肉**
含有構成骨骼、肌肉和血液的主要成分蛋白質，能促進成長的維生素B_2也很豐富。

●**白飯**
使用煮得軟爛而容易消化的白飯。

●**南瓜**
富含維生素C和維生素E，甘甜的味道受到許多狗狗喜愛。

●**高麗菜**
含有維生素C且富含維生素U能保護胃黏膜。

●**青花菜**
維生素C的含量極高，並且能維持肌肉、骨骼的健康。

●**胡蘿蔔**
β-胡蘿蔔素與維生素C能提高免疫力、預防感染症。

●**魩仔魚乾**
含有鈣質及促進鈣質吸收的維生素D，煮出來的高湯還可提高鮮食的嗜口性。

●**橄欖油**
可補充維生素E。

【作法】

1 將蔬菜用食物調理機（也可以用磨泥器或研磨缽）打成泥狀，牛肉切成容易入口的大小備用。

2 將牛肉放入平底鍋炒至變色後，放入**1**的蔬菜泥、煮得軟爛的白飯和魩仔魚，再加水蓋過所有食材，煮到所有食材熟透為止。

3 將食物放涼到接近人類體表溫度後，再加入一小匙左右的橄欖油。

※狗狗逐漸吃慣之後，也可將蔬菜從磨成泥的方式改為切碎。

1

2

3

● 第一類／穀類　● 第二類／肉、魚、蛋、乳製品類
● 第三類／蔬菜、海藻類　● α／油脂類　● α／調味類

打造強健骨骼的鮮食

沙丁魚丸湯

烹調重點

「小魚乾煮出來的高湯能補充鈣質，再加上切碎的乾香菇，其豐富的維生素D可提高鈣質的吸收效率。香菇經過日曬之後維生素D的含量會更高。」

【材料】

沙丁魚
鈣質和維生素D的含量豐富，很適合做為狗狗發育期的食材。

麥麩
含有豐富的小麥蛋白，同時也是能量來源。

香菇
富含維生素D，能幫助鈣質吸收，打造強健的骨骼。

白蘿蔔
將生的白蘿蔔磨成泥可補充維生素C，而且不傷腸胃好消化。

建立基礎體力，擊退感染症

雞肉漢堡排佐黃綠色蔬菜燴醬

【材料】

雞胸肉（絞肉）
含有均衡的必需胺基酸，維生素A能有效提升免疫力。

雞蛋
含有均衡的營養最適合用來增加體力。

麵包粉
含有維生素B_1、B_2的能量來源。

水煮大豆
豐富的植物性蛋白質被稱為田中之肉，同時還富含維生素E可預防感染症發生。

綜合蔬菜
（胡蘿蔔、豌豆仁、玉米）
富含β-胡蘿蔔素的胡蘿蔔、能量來源的玉米、含有皂苷能促進排泄的豌豆仁，能幫助體內排出代謝廢物及預防感染症。

甜椒
含有豐富的β-胡蘿蔔素和維生素C，另外所含的維生素P還能降低維生素C在加熱烹調時的流失。

DHA讓狗狗的頭腦更聰明

鮭魚玉米雜菜粥

烹調重點

「含有豐富的DHA且容易消化吸收的鮭魚，能促進狗狗的腦神經功能。」

【材料】

鮭魚
富含DHA的蛋白質來源，而且十分容易消化吸收。

雞蛋
含有豐富的維生素D的蛋白質來源，半熟的狀態下更容易消化。

優格
乳製品所含的鈣質十分容易吸收。

白飯
能量來源，使用人類吃剩的白飯即可。

玉米醬
能量來源，含有玉米顆粒或全糊狀皆可。

●小松菜
含有豐富的維生素C與鈣質，β-胡蘿蔔素還能促進整腸作用。

●胡蘿蔔
β-胡蘿蔔素與維生素C能提高免疫力、預防感染症。

●海帶芽
若使用海帶根的話還可增加鮮食的黏稠感，讓狗狗吃得更開心。

●小魚乾
使用富含鈣質和維生素D的小魚能有效地補充鈣質。

●芝麻油
可補充維生素E。

【作法】

1 將沙丁魚的大根魚骨剔除後，放入食物調理機打成泥狀，並捏成一口大小的魚丸。蔬菜則切成容易入口的大小備用。

2 在鍋中加入一杯水並放入小魚乾煮沸成高湯，接著加入蔬菜煮到再次沸騰之後，加入**1**的魚丸和磨成粉狀的麥麩煮熟。

3 將食物放涼到人類體表溫度後再加入芝麻油和切碎的海帶芽。

●葛粉
是容易消化的能量來源，能夠整頓腸胃狀況。

【作法】

1 將水煮大豆用食物調理機打成泥狀，另將甜椒切碎備用。

2 在大碗裡放入雞絞肉、麵包粉兩大匙、雞蛋一顆和**1**的大豆泥，全部混合均勻後做成大小容易入口的漢堡排，放入平底鍋兩面煎熟。

3 將綜合蔬菜和甜椒放入鍋內，加水蓋過食材並稍微煮沸後，倒入葛粉水勾芡，最後將勾芡的蔬菜醬汁淋在**2**的漢堡排上。

烹調重點

「將含有豐富胺基酸、營養均衡的雞蛋與高蛋白質低脂肪的雞胸肉加以搭配組合，可以幫助狗狗的骨骼、肌肉發育得更健康。」

●番茄
番茄直接生食可以讓狗狗更容易攝取到維生素C，此外番茄的酸味還可幫助蛋白質的消化。

●青花菜
含有維生素C，能維持肌肉和骨骼的健康。

●鴻喜菇
含有維生素D以及菇類鮮味來源的麩醯胺酸。

●橄欖油
可補充維生素E。

【作法】

1 將鮭魚、蔬菜切成容易入口的大小，鴻喜菇及半熟水煮蛋切碎備用。

2 平底鍋內加入一小匙橄欖油及**1**的鮭魚，煎到表面變色後，再加入1／2杯的玉米醬、一大匙優格、**1**的鴻喜菇和白飯，接著加水蓋過所有食材開始燉煮。

3 在**2**煮沸前加入切成小塊的青花菜稍加煮沸後關火，接著加入番茄，最後灑上切碎的半熟蛋。

● 第一類／穀類　● 第二類／肉、魚、蛋、乳製品類
● 第三類／蔬菜、海藻類　● α／油脂類　● α／調味類

利用鮮食充分地補充狗狗哺育幼犬時所需的營養素吧！

母犬（懷孕期、授乳期）

為了養育出健康的下一代，母犬必須連同幼犬的營養一起攝取，因此飼主應該在避免讓狗狗過胖的情況下儘量讓牠們多攝取一些食物。

基本健康管理

母犬在養育幼犬時除了需要營養之外，也要有足夠的能量。為了養育出健康的幼犬，懷孕期和授乳期的營養補充是非常重要的一環。雖然狗狗的懷孕期長短平均為九個星期（63天），不過在懷孕第六週（42天）之前所需的熱量其實與成犬一般所需的熱量差不多，可是一旦進入第七週（第43天起）之後，所需的熱量就會增加到成犬維持量的1．25～1．5倍，到了授乳期更需要2～3倍的熱量（實際上可讓狗狗自由攝取）。

母犬應該積極攝取的五大營養素

1 維生素 E
幫助對抗壓力

含有的食材 ---- 核桃、植物油、大豆、鰹魚、山茼蒿

2 礦物質
幫助體內代謝

含有的食材 ---- 魩仔魚乾、櫻花蝦、大豆、海帶芽或昆布等海藻類

3 蛋白質
胎兒發育所需

含有的食材 ---- 雞蛋、牛後腿肉、豬後腿肉、雞肉（里肌肉、雞胸肉）、鮭魚、竹莢魚、沙丁魚、鯖魚

4 鈣質
形成胎兒骨骼所需的營養素

含有的食材 ---- 魩仔魚乾、青江菜、大豆、櫻花蝦、優格、海藻、小松菜

5 EPA、DHA、omega-3脂肪酸
幫助幼犬的腦細胞發育

含有的食材 ---- 沙丁魚、秋刀魚、竹莢魚、鰤魚、鯖魚、核桃、芝麻、亞麻仁油、荏胡麻油、小魚乾、魩仔魚乾

豐富的蛋白質與鈣質維持狗媽媽的健康

豬肉炒飯佐西式炒蛋

烹調重點

「運用容易消化吸收且營養均衡的雞蛋再加上豆腐渣、含有鈣質的優格製作出營養美味的西式炒蛋。雞蛋裡所含的維生素D還可幫助鈣質的吸收。」

【材料】

● **豬後腿肉**
豐富的維生素B群可促進蛋白質的代謝。

● **雞蛋**
含有豐富的必需胺基酸可增強狗狗的體力。

● **優格**
容易消化吸收的鈣質來源，同時還具有穩定情緒的效果。

● **白飯**
能量來源

● **核桃**
可補充維生素E，高熱量可增強狗狗的體力。

● **甜椒**
同時含有維生素C和維生素P，可減少維生素C在加熱過程中的流失。

● **青花菜**
豐富的維生素C能強化免疫功能，提高對抗病原體的抵抗力。

● **胡蘿蔔**
β-胡蘿蔔素與維生素C能提高免疫力、預防傳染病的發生。

● **豆腐渣**
可方便攝取到被稱為田中之肉的大豆，同時還可消除便祕。

● **橄欖油**
可補充維生素E。

【作法】

1 將核桃切碎，甜椒、青花菜、胡蘿蔔、豬肉切成容易入口的大小。

2 將雞蛋、豆腐渣、優格攪散並混合均勻，做成西式炒蛋。

3 在鍋中放入橄欖油加熱，放入步驟**1**的食材與白飯加以翻炒，將炒飯盛裝到容器內，上面放上**2**的炒蛋後即可完成。

1
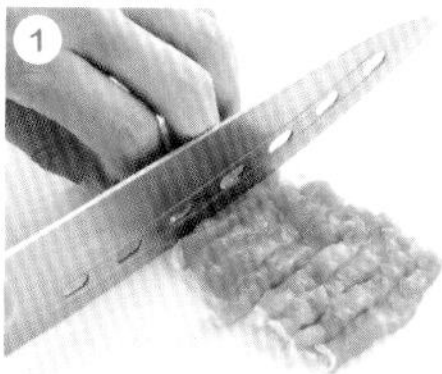

2
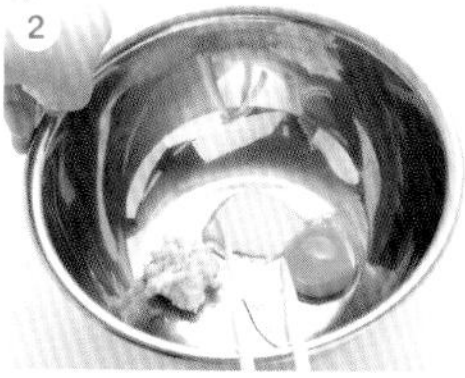

3

● 第一類／穀類　● 第二類／肉、魚、蛋、乳製品類
● 第三類／蔬菜、海藻類　● α／油脂類　● α／調味類

利用羊栖菜、魩仔魚乾做出富含鈣質的鮮食

竹莢魚納豆雜糧茶泡飯

烹調重點

「含有豐富礦物質的雜糧飯中，搭配富含鮮味成分的竹莢魚和可作為維生素E來源的碎芝麻。」

【材料】

- **竹莢魚**：含有維生素D、維生素B_2與鈣質，可幫助幼犬的發育。
- **雜糧飯**：含有維生素與礦物質，可增強幼犬的體力。
- **羊栖菜**：補充容易缺乏的礦物質。
- **小松菜**：含有鈣質的蔬菜，維生素K可強化骨骼。
- **碎芝麻**：補充維生素E，加速新陳代謝強化身體機能。

富含蛋白質與DHA的鯖魚讓胎兒發育得更健康

鯖魚蔬菜炒麵線

【材料】

- **鯖魚**：蛋白質來源，同時也含有DHA與維生素D，可幫助鈣質吸收。
- **麵線**：好消化的能量來源，很適合用於狗狗食慾不好的時候。
- **山茼蒿**：含有維生素E且澀味較少很方便食用。
- **海帶芽**：可補充礦物質，若使用乾燥過的海帶芽要先用水泡開。
- **豆腐**：大豆寡糖可有助於腸道的消化吸收功能。
- **胡蘿蔔**：β-胡蘿蔔素與維生素C能提高免疫力、預防傳染病的發生。
- **芝麻油**：可補充維生素E。
- **櫻花蝦**

雞肝有預防母犬脫毛及紓解壓力的功效

雞肉糙米雜菜粥

烹調重點

「肝臟內含有可有效預防脫毛的生物素、有助於維持皮膚健康的維生素A和B_2、具有舒緩壓力功效的泛酸和維生素E，因有綜合性的營養而很適合用在狗狗的鮮食中。」

【材料】

- **雞肝**：優質的蛋白質來源，所含的營養素能維持皮膚的健康和有效地舒緩壓力。
- **雞胸肉**：雞皮中含有豐富的膠原蛋白，蛋白質可維持肌膚、黏膜的健康。
- **糙米**：維生素B群可消除疲勞。
- **水煮大豆**：含有礦物質的蛋白質來源。
- **南瓜**：除了可維持皮膚健康外還可提高免疫力。

●納豆

高蛋白質低熱量的好食材，富含異黃酮可幫助雌性賀爾蒙的分泌。

●高麗菜

維生素U能保護胃黏膜。

●魩仔魚乾

含有豐富的鈣質與維生素D，煮出來的高湯可促進狗狗的食慾。

【作法】

1 將雜糧飯煮軟備用，高麗菜切碎後與納豆攪拌在一起。

2 竹莢魚烤熟後將魚肉剝碎。將魩仔魚乾、切碎的羊栖菜放入鍋中並加入一杯水後煮透，最後放入切碎的小松菜與竹莢魚肉稍加煮沸。

3 將雜糧飯盛裝到容器中，放上步驟**1**的納豆高麗菜並淋上**2**即可完成。

除了可補充鈣質之外，煮出來的高湯還可促進狗狗的食慾。

【作法】

1 山茼蒿、海帶芽、胡蘿蔔用食物調理機切碎，鯖魚切成容易入口的大小，麵線切成容易入口的長短後煮軟備用。

2 鍋子加熱後加入一小匙的芝麻油，放入櫻花蝦和步驟**1**的鯖魚，翻炒到魚肉的兩面都變成金黃色為止，再加入**1**的胡蘿蔔、海帶芽和捏碎的豆腐。

3 等全部的食材都炒熟後加入麵線，再加入山茼蒿拌炒均勻即可。

烹調重點

「高湯的風味與煎魚的香氣可刺激狗媽媽的食慾。DHA、EPA存在於脂肪中，因此建議使用煎炒的方式烹調。」

●胡蘿蔔

含有豐富的β-胡蘿蔔素且甘甜的口味深受狗狗喜愛。

●乾香菇

含有泛酸能有效提高免疫力。

●青江菜

含有β-胡蘿蔔素。

●橄欖油

含有維生素E可舒緩壓力。

●碎芝麻

可同時攝取到omega-3脂肪酸和維生素E。

【作法】

1 將雞肝、雞胸肉、南瓜、胡蘿蔔、青江菜切成容易入口的大小，乾香菇切碎備用。

2 將橄欖油倒入鍋中加熱，放入雞肝和雞胸肉翻炒，接著加入糙米、大豆、南瓜、胡蘿蔔、香菇後再加水蓋過食材，並煮到所有食材變軟為止。

3 最後放入青江菜和碎芝麻，並放冷到人類皮膚表面的溫度即可。

運動量大的狗狗

經常運動的狗狗需要充足的飲食

除了要藉由飲食補充因運動所消耗的熱量之外，為了消除疲勞和強化肌肉，也要替狗狗補充足夠的胺基酸與維生素。

基本健康管理

就像牧羊犬一樣，有些犬種擁有「從早到晚」整天跑來跑去的特性，此外有些狗狗對於一些競技比賽也很樂在其中。就跟我們人類一樣，學生時代參加運動社團的人經常有著很大的食量，而比較少運動的人食量就會比較小，狗狗也是如此，因此飼主在準備鮮食時，也必須根據狗狗的運動量調整餵食量和食材之間的比例。另外為了消除狗狗的疲勞和強化肌肉，胺基酸和維生素的補充也非常重要。

運動量大的狗狗應該積極攝取的五大營養素

1 胺基酸

修復運動後的肌肉

含有的食材 ---- 雞蛋、牛後腿肉、豬後腿肉、雞肉（里肌肉、雞胸肉）、肝臟（牛肝、豬肝、雞肝）、沙丁魚、鰤魚、鮭魚、鰹魚、鮪魚、鰻魚

2 維生素 B_6

促進蛋白質的代謝

含有的食材 ---- 豬後腿肉、牛肝、沙丁魚、鮭魚、鯖魚、鮪魚、香蕉、芝麻、納豆、黃豆粉

3 維生素 C

合成結締肌肉或骨骼的膠原蛋白時不可或缺的營養素

含有的食材 ---- 白蘿蔔、青花菜、花椰菜、南瓜、小松菜、番薯、青椒、洋香菜、番茄

4 維生素 E

幫助對抗壓力

含有的食材 ---- 核桃、植物油、大豆、鰹魚、山茼蒿、芝麻

5 維生素 A、β-胡蘿蔔素

預防細菌感染、強化黏膜

含有的食材 ---- 肝臟（牛肝、豬肝、雞肝）、蛋黃、菠菜、小松菜、胡蘿蔔、南瓜、洋香菜

維生素E、C和泛酸讓狗狗身心的壓力一起得到舒緩

鮭魚蔬菜雜糧粥

烹調重點

「除了能攝取到維生素E和泛酸幫助狗狗舒緩壓力外，維生素C也具有抗壓和幫助生成膠原蛋白的功效。為了能有效攝取到維生素C，最好將鮮食煮成可連同湯汁一起吃下的粥狀。而以鮭魚做為主要食材則可攝取到泛酸和優質蛋白質。」

【材料】

● **鮭魚**
含有泛酸、維生素B群、維生素D、E等多種營養素。

● **帕瑪森起司**
起司的香味可增進狗狗的食慾並補充鈣質。

● **雜糧飯**
含有維生素及礦物質，能增強狗狗的體力。

● **南瓜**
含有β-胡蘿蔔素、維生素C和E，能維持皮膚健康和提高免疫力。

● **青花菜**
豐富的維生素C能強化免疫力和提高抵抗力對抗病原體。

● **胡蘿蔔**
β-胡蘿蔔素與維生素C能提高免疫力、預防感染症。

● **四季豆**
富含蛋白質和碳水化合物的蔬菜，同時也含有鈣質和鐵質。

● **乾香菇**
含有泛酸以及提高免疫力的功效。

● **橄欖油**
含維生素E。

【作法】

1 將鮭魚、南瓜、胡蘿蔔、青花菜、四季豆切成容易入口的大小。

2 將橄欖油倒入鍋中加熱，放入鮭魚、南瓜和胡蘿蔔翻炒均勻後，加水蓋過所有食材並放入雜糧飯和切碎的乾香菇一起烹煮。

3 等鍋中的所有食材煮熟後再放入青花菜和四季豆稍加煮沸，最後灑上帕瑪森起司即可。

1

2

3

● 第一類／穀類　● 第二類／肉、魚、蛋、乳製品類
● 第三類／蔬菜、海藻類　● α／油脂類　● α／調味類

含有大量胺基酸的鮮食，幫助狗狗生長肌肉

豬肉蔬菜義大利麵

烹調重點

「補充足夠的胺基酸幫助狗狗在運動後長出肌肉，同時還可攝取到維生素B_6提高蛋白質的新陳代謝。大量的黃綠色蔬菜可以讓身體變得更為強壯，不怕感染症的發生。」

【材料】

●**豬後腿肉**
含有豐富的維生素B群，能消除疲勞、促進體內蛋白質代謝並活化身體機能。

●**通心粉**
能量來源。

●**青椒**
含有豐富的維生素C，且因為同時含有維生素P可以減少維生素C在加熱過程中的流失。

●**高麗菜**
含有維生素U能防止消化不良，

維生素B_1＋山藥能消除疲勞，預防疲勞累積

鰹魚納豆山藥泥蓋飯

【材料】

●**鰹魚**
消除疲勞，菸鹼酸能提高代謝能力，打造健康又強壯的身體。

●**蛋黃**
含有維生素D，直接生食（只食用蛋黃）會更好消化。

●**糙米飯**
含豐富的維生素，維生素B群能消除疲勞。

●**納豆**
高蛋白質低熱量。

●**山藥**
黏滑成分可保護胃腸道的黏膜，其中所含的澱粉分解酵素澱粉酶可消除疲勞。

●**海苔**
含維生素B_1的礦物質來源。

●**碎芝麻**
維生素B群和維生素E可提高代謝，強化身體機能。

參加競賽前的增強體力鮮食

番茄牛肉燉飯

烹調重點

「以蛋白質為主食補充胺基酸可增加狗狗的體力。比起吃不慣的食物，此時最好使用狗狗平日吃慣的食材。此外，加入含有維生素C的蔬菜可對抗壓力，同時記得要將食物仔細燉煮，讓食物更好消化。」

【材料】

●**牛後腿肉**
除了含有具有消除疲勞效果的鐵質之外，豐富的蛋白質也是構成骨骼、肌肉的主要成分，維生素B群的含量也不少。

●**茅屋起司**
可補充鈣質，含有豐富的水分，另外所含的維生素B_{12}可以調節神經功能。

●**白飯**
能量來源。

維生素K可幫助骨骼生成。

●胡蘿蔔
提高免疫力、預防感染症。

●菠菜
含有豐富的維生素與礦物質。

●青海苔
補充礦物質。

●**芝麻油**
維生素E能有效對抗壓力。

●**柴魚片**
含有鮮味成分肌苷酸，胜肽成分能消除疲勞。

●**櫻花蝦**
能補充鈣質，煮出的高湯可增加鮮食風味。

【作法】

1 將豬肉、青椒、高麗菜、胡蘿蔔、菠菜切成容易入口的大小。

2 芝麻油倒入鍋中加熱，放入**1**的食材稍加翻炒後，加水蓋過所有的食材並加入通心粉煮熟。

3 等鍋中所有食材煮熟後加入柴魚片、櫻花蝦和青海苔，攪拌均勻即可。

●昆布
含有鉀能強化肌肉功能。

●小松菜
含有鈣質的蔬菜，維生素K能幫助骨骼生成。

【作法】

1 將山藥磨成泥狀，鰹魚切成容易入口的大小。

2 將平底鍋加熱後放入步驟**1**的鰹魚翻炒，之後加入切碎的昆布並加水蓋過食材後開始燉煮。

3 待**2**沸騰之後加入切碎的小松菜和煮好的糙米飯再煮沸一次後關火。盛裝到容器裡後，再淋上與蛋黃攪拌在一起的納豆、山藥泥、海苔和碎芝麻。

烹調重點

「使用含有維生素B_1的蛋白質來源（豬肉、鰹魚、鮭魚、鱈魚、雞肉）具有消除疲勞的功效，再搭配山藥則可緩解肌肉的疲勞，而做成山藥泥蓋飯還具有整腸健胃的效果。」

●黃豆粉
植物性蛋白質來源。

●番茄
檸檬酸具有整腸健胃的功效。

●青花菜
含有豐富的維生素C，能提昇狗狗的免疫功能及對抗壓力。

●甜椒
同時含有維生素C與維生素P，可以減少維生素C在加熱過程中的流失。

●洋香菜
含有β-胡蘿蔔素與維生素B_1。

●高麗菜
維生素U可強化胃黏膜。

●**橄欖油**
維生素E可幫助狗狗對抗壓力。

【作法】

1 將牛肉、番茄、青花菜、甜椒、高麗菜切成容易入口的大小。

2 鍋裡倒入橄欖油加熱，放入**1**和白飯翻炒後，加水蓋過所有食材並煮到軟爛為止。

3 最後將燉飯稍加煮沸，再灑上切碎的洋香菜、茅屋起司和黃豆粉即可。

●第一類／穀類　●第二類／肉、魚、蛋、乳製品類
●第三類／蔬菜、海藻類　●α／油脂類　●α／調味類

成犬
避免讓狗狗過胖與挑食

如果這段時期縱容狗狗，只讓牠們吃自己愛吃的食物，將來狗狗老了之後可能會變得很難照顧，請飼主們務必要注意。

基本健康管理

成犬時期的健康管理以「維持狗狗的健康」為優先的課題。雖然對於容易生病的狗狗來說，增加牠們的免疫力非常重要，不過培養基礎體力，打造出「遇到什麼都不怕」的身體也很重要。除了讓狗狗攝取到充足的水分，避免讓牠們排出「又濃又臭的尿液」之外，同時也要讓狗狗均衡地攝取各種食材，並且預防狗狗出現「肥胖」的情形。

成犬應該積極攝取的五大營養素

1 醣類
身體的能量來源

含有的食材 ---- 白米、糙米、薏仁飯、馬鈴薯、番薯

2 脂質
身體的能量來源

含有的食材 ---- 橄欖油、芝麻油等植物油

3 蛋白質
維持身體的青春活力

含有的食材 ---- 雞蛋、牛後腿肉、豬後腿肉、雞肉（里肌肉、雞胸肉）、鱈魚、鮭魚、竹莢魚、沙丁魚、優格

4 維生素 C
提高身體的酵素反應與免疫力

含有的食材 ---- 白蘿蔔、青花菜、花椰菜、南瓜、小松菜、番薯、青椒、洋香菜、甜椒、番茄

5 礦物質
提高身體的酵素反應與免疫力

含有的食材 ---- 魩仔魚乾、櫻花蝦、大豆、納豆、豆腐、糙米、海藻、薏仁

豐富的維生素讓狗狗保有漂亮的毛髮與肌膚

雞肉番茄燉飯

烹調重點

「在優質蛋白質來源中加入含有維生素A、B_2與生物素的食材，可保持狗狗皮膚的健康。烹調時將食材用油炒過之後，可以讓狗狗更有效地攝取到維生素A。」

【材料】

●**雞胸肉**

含有維生素A、B_2、生物素的蛋白質來源，若是帶皮的雞胸肉還可攝取到膠原蛋白。

●**糙米飯**

胚芽中含有維生素B群、維生素E與礦物質可增強體力，將糙米飯煮到軟爛會更容易消化吸收。

●**花椰菜**

加熱過程中也不易流失的維生素C可提高免疫力。

●**甜椒**

同時含有維生素C與維生素P，可減少維生素C在加熱過程中的流失。

●**番茄**

茄紅素可以提高免疫力，防止細胞老化。

●**菠菜**

含有β-胡蘿蔔素、維生素B群、維生素C等各種讓狗狗更有活力的維生素。

●**胡蘿蔔**

β-胡蘿蔔素的寶庫，為代表性的黃綠色蔬菜，所含的維生素B_2能維持皮膚的健康。

●**橄欖油**

可補充維生素E，為了幫助狗狗有效攝取到維生素A而使用。

【作法】

1 將雞肉、花椰菜、甜椒、番茄、菠菜、胡蘿蔔切成容易入口的大小。

2 鍋中加入一小匙橄欖油加熱，放入**1**的食材與煮好的糙米飯翻炒均勻後，加水蓋過所有食材煮熟。

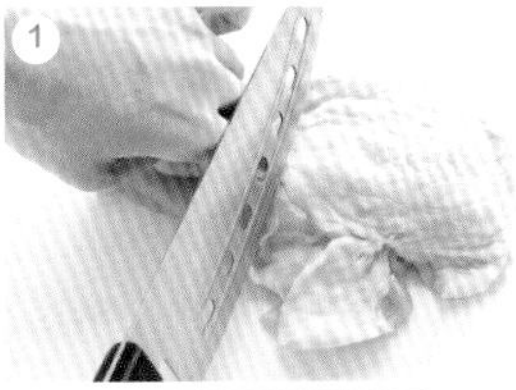

● 第一類／穀類　● 第二類／肉、魚、蛋、乳製品類
● 第三類／蔬菜、海藻類　● α／油脂類　● α／調味類

膳食纖維可幫助排便、預防肥胖

鱈魚番薯蔬菜湯

烹調重點

「低熱量的鱈魚搭配富含澱粉的番薯能讓狗狗獲得充分的飽足感，鮮食裡大量的膳食纖維還可消除便祕。」

【材料】

●**鱈魚**
含有豐富的鮮味成分，熱量低又健康。

●**豆腐**
容易消化吸收的優質蛋白質，大豆寡糖有助於腸道功能。

●**番薯**
含有豐富的澱粉能減少維生素的流失，同時可帶來飽足感。膳食纖維能消除便祕，所含的膽鹼可預防脂肪肝的發生。

●**海帶芽**
含膳食纖維及鈣、鐵等礦物質。

不讓代謝廢物蓄積在體內，保持青春健康的身體。

豬肉牛蒡雜菜粥

【材料】

●**豬絞肉**
含有豐富的維生素B群，能消除疲勞並活化身體機能。

●**薏仁飯**
有助於體內的水分和血液循環，同時還具有解毒功效。

●**牛蒡**
豐富的膳食纖維能幫助狗狗排毒和排出腸道內的代謝廢物。

●**小松菜**
含有豐富的鈣質，在細胞生成時不可或缺的鋅含量也很豐富。

●**薑**
辣味成分能增加狗狗的食慾，同時還可活化新陳代謝。

●**胡蘿蔔**
β-胡蘿蔔素和維生素C能增強免疫力。

●**青花菜幼苗**
具有解毒作用，也可用蘿蔔嬰代替。

●**橄欖油**
維生素E有抗壓功效。

利用風味和鮮味讓狗狗食慾大開

牛肉羊栖菜炊飯

烹調重點

「使用能增添食物風味且營養價值高的牛肝，加上富含鮮味成分胺基酸的昆布，和白米一起烹煮入味。」

【材料】

●**牛絞肉**
為肌肉、骨骼主要成分的蛋白質來源。

●**牛肝**
充滿營養的優質蛋白質。

●**白米**
容易消化吸收的能量來源。

●**鴻喜菇**
含有維生素D和鮮味成分的麩醯胺酸。

●**羊栖菜**
補充容易攝取不足的礦物質。

●**胡蘿蔔**
β-胡蘿蔔素和維生素C能強化免

●香菇

能增強醣類與脂質的代謝，也是減重的好幫手。

●白菜

含有維生素C可增強免疫力，記得要燉煮到軟才會比較好消化。

●芝麻油

能消除便祕、防止肌膚乾燥的植物性油脂。

●小魚乾

含有鈣質和維生素B群，能活化體內的新陳代謝。

【作法】

1 鱈魚、番薯、海帶芽、香菇、白菜、豆腐切成容易入口的大小，小魚乾磨成粉末備用。

2 在鍋中加入步驟**1**的食材並加入蓋過食材的水量，接著煮到所有食材變軟為止。

3 放涼到人類體表溫度後，最後淋上一圈約一小匙的芝麻油。

【作法】

1 把薑磨成泥，胡蘿蔔、牛蒡切成容易入口的大小，並將牛蒡用水沖洗去除澀味。

2 將橄欖油倒入鍋中加熱，放入**1**和豬絞肉加以翻炒，接著加入薏仁飯後加水蓋過所有食材，燉煮到所有食材變軟為止。

3 在**2**中加入切碎的小松菜後再稍加煮沸，最後加入青花菜幼苗即可完成。

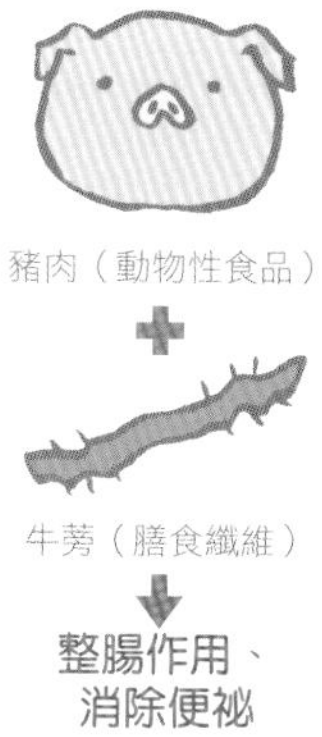

烹調重點

「使用含有維生素B群能活化身體機能的豬肉搭配具有解毒作用的蔬菜，再加上大量的水分煮成雜菜粥，能幫助狗狗將體內的代謝廢物排出。」

疫力，預防感染症。

●四季豆

含蛋白質和碳水化合物的蔬菜，並含有維生素C能提高免疫功能。

●南瓜

含有維生素C、E，而且有狗狗喜歡的甜味。

●芝麻油

補充維生素E。

●昆布粉

含有可協助肌肉正常收縮的鉀。

【作法】

1 將羊栖菜用水清洗乾淨，再把牛肝、鴻喜菇、羊栖菜、胡蘿蔔、南瓜、四季豆切成易入口的大小。

2 在飯鍋中加入洗好的米一杯和適量的水，連同**1**的食材、昆布粉與牛絞肉一同蒸煮。

3 飯煮好後將全部的食材一起攪拌均勻，再加入1／2大匙的芝麻油即可。

● 第一類／穀類　● 第二類／肉、魚、蛋、乳製品類
● 第三類／蔬菜、海藻類　● α／油脂類　● α／調味類

高齡犬

不需要特別把狗狗當作老狗對待！

用不著一定要將食材切得特別碎或煮得特別軟，高齡犬反而須要接受適度的刺激才會更健康。

基本健康管理

即使狗狗邁入高齡期，也不需要過度擔心牠們的健康，而是應該盡可能地在「不勉強牠們的範圍內」，讓狗狗過著「和之前差不多的生活」。不過若是在這之前飼主沒有適度地鍛鍊狗狗身體的話，狗狗很有可能變得容易肥胖、散步起來很辛苦、明明沒有運動食慾卻很好的狀態，而事實上也的確有很多飼主對此感到很困擾。這個時期的鮮食，最適合選擇蔬菜等低熱量但會有飽足感的食材，對維持狗狗的健康很有幫助。

高齡犬應該積極攝取的五大營養素

1 維生素 C
預防白內障

含有的食材 ---- 白蘿蔔、青花菜、花椰菜、南瓜、小松菜、番薯、青椒、洋香菜

2 β-葡聚醣
活化免疫力

含有的食材 ---- 香菇、舞菇等菇類

3 蛋白質
避免讓身體的肌肉量減少

含有的食材 ---- 雞蛋、牛後腿肉、豬後腿肉、雞肉（里肌肉、雞胸肉）、鱈魚、鮭魚、竹莢魚、沙丁魚、鯖魚

4 維生素 E
增強抵抗力

含有的食材 ---- 核桃、植物油、大豆、鰹魚、山茼蒿

5 EPA、DHA、omega-3脂肪酸
防止癡呆

含有的食材 ---- 沙丁魚、秋刀魚、竹莢魚、鰤魚、鯖魚、鮭魚、小魚乾、芝麻、核桃、亞麻仁油、荏胡麻油

改善基礎代謝率偏低的問題，利用養生的鮮食讓狗狗更長壽

勾芡烏龍麵

烹調重點

「使用低脂肪去皮的雞胸肉或雞里肌肉烹調出低脂肪高蛋白質的鮮食，在維持體力和肌力的同時還可防止狗狗過胖。」

【材料】

● 雞里肌肉
含有維生素A與B群的健康肉品，清淡的味道與柔嫩的肉質容易受狗狗喜愛。

● 烏龍麵
醣類含量比較低、容易消化吸收的健康能量來源。

● 胡蘿蔔
β-胡蘿蔔素和維生素C能強化免疫力，預防感染症。

● 白菜
含有豐富的維生素C，燉煮到軟爛更好消化。

● 舞菇
含有β-葡聚醣能增強免疫力。

● 山茼蒿
含有β-胡蘿蔔素，是澀味少方便烹調的食材。

● 小魚乾
含有鈣質和維生素B群，可活化身體的新陳代謝。

● 葛粉
容易消化的能量來源，且具有整腸健胃的效果。

【作法】

1 將雞里肌肉、烏龍麵、胡蘿蔔、舞菇、白菜切成容易入口的大小，小魚乾磨成粉末。

2 將**1**的食材放入鍋中並加水蓋過所有食材，煮到全熟為止。

3 在**2**中加入切碎的山茼蒿攪拌均勻，再倒入葛粉水勾芡即可完成。

1

2

3

刺激食慾、恢復活力的鮮食

魩仔魚拌飯

烹調重點

「維生素E和維生素C能促進血液循環、提高免疫力。抗氧化食材能夠防止老化，食物的香氣能刺激狗狗的嗅覺。」

【材料】

● **雞蛋**
含有必需胺基酸的優質蛋白質來源。

● **雜糧飯**
含有維生素和礦物質，能增強狗狗的體力。

● **香菇**
含有β-葡聚醣能增強免疫力。

● **小松菜**
鈣質含量豐富的蔬菜，同時還具有強化肝功能和解毒功效。

● **碎芝麻**
可補充維生素E的抗氧化食品。

● **炸豆皮**
可補充維生素E的高蛋白食品。

增強體力及免疫力，讓狗狗常保健康

竹筴魚山藥泥雜菜粥

【材料】

● **竹筴魚**
含有DHA防止狗狗老化，豐富的胺基酸可增添鮮味。

● **糙米飯**
含有膳食纖維，可幫狗狗將代謝廢物排出體外。

● **豆腐渣**
維生素和膳食纖維能促進排泄，很適合減重中的狗狗食用。

● **山藥**
含有黏液素能強身健體，同時還含有澱粉分解酵素。

● **青花菜**
富含β-胡蘿蔔素及維生素C能強化免疫功能。

● **南瓜**
含有β-胡蘿蔔素、維生素C、維生素E，能維持皮膚健康、提高免疫力。

● **香菇**
含有β-葡聚醣能增強免疫力。

活化眼睛功能，預防白內障

鮭魚粥

烹調重點

「將含有對視力有益之維生素A、B_1、E、C等的蔬菜，與富含可恢復視力之DHA的魚類搭配組合，為了能夠有效吸收維生素，烹調時記得要先炒過後再燉煮。」

【材料】

● **鮭魚**
含有DHA和維生素E可防止狗狗老化，蝦青素則具有強力的抗氧化作用。

● **干貝**
含有牛磺酸可防止視力減退。

● **白飯**
容易消化吸收的能量來源。

● **白蘿蔔**
將白蘿蔔磨成泥後直接生食能補充維生素C，不傷腸胃且好消化。

● **高麗菜**
含有維生素U可保護胃黏膜，同時還含有維生素C。

●橄欖油
可補充維生素E。

●魩仔魚乾
鈣質含量豐富，並具有狗狗喜歡的香氣。

【作法】

1 將香菇、小松菜、炸豆皮切成容易入口的大小。

2 在鍋中加入一小匙橄欖油後加熱，將雞蛋打散做成炒蛋，接著放入煮好的雜糧飯、魩仔魚乾和碎芝麻，和炒蛋一起翻炒均勻。

3 在2中加入步驟1的食材和水100cc，並翻炒到所有食材炒熟為止。

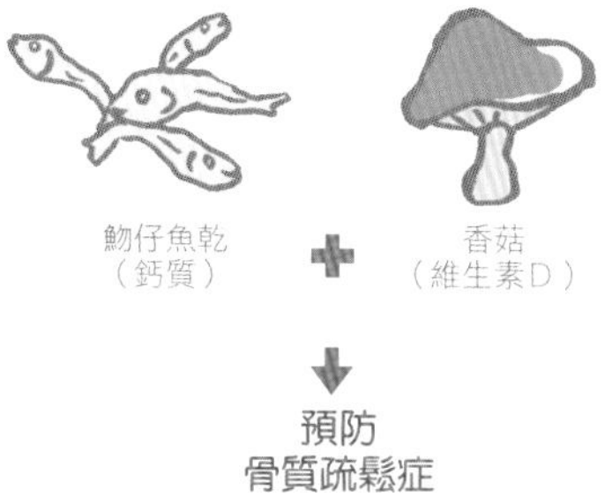

●橄欖油
可補充維生素E，使用植物性油脂還可防止便祕。

【作法】

1 將竹莢魚片成三片，去除魚骨後切成容易入口的大小。

2 將橄欖油倒入鍋中加熱，放入竹莢魚和切碎的南瓜及香菇一起翻炒，接著放入煮好的糙米飯、豆腐渣和蓋過食材的水，煮到所有食材變軟為止。

3 在2中放入切成容易入口大小的青花菜再稍加煮沸，關火後放涼到人類體表溫度再盛裝到容器裡，最後淋上山藥泥即完成。

烹調重點

「含有β-胡蘿蔔素及維生素C的黃綠色蔬菜，有助於提高免疫力。選擇富含DHA的青魚做為蛋白質來源，能夠保持頭腦與身體的健康。」

●胡蘿蔔
含有β-胡蘿蔔素、維生素B_1、B_2和C，能維持眼睛的健康。

●菠菜
含有β-胡蘿蔔素、維生素B_1、B_2和C，能維持眼睛的健康。

●鴻喜菇
含有β-葡聚醣能增強免疫力。

●海苔
礦物質來源。所含的維生素B_2能促進細胞生成。

●橄欖油
可補充維生素E。

【作法】

1 將鮭魚、干貝、高麗菜、鴻喜菇、胡蘿蔔、菠菜切成容易入口的大小。

2 將橄欖油倒入鍋中加熱，放入1的食材與白飯一同翻炒，翻炒均勻後加水蓋過食材並煮到所有食材變軟為止。

3 將鮮食放涼到人類體表溫度的程度後盛裝到容器裡，上面再淋上白蘿蔔泥和海苔即可。

● 第一類／穀類　● 第二類／肉、魚、蛋、乳製品類
● 第三類／蔬菜、海藻類　● α／油脂類　● α／調味類

解決煩惱的小知識

雖然不是很嚴重的疾病，
但狗狗感覺快要感冒的時候還是會令人擔心，
這個時候讓狗狗早日恢復健康活力的飲食重點是什麼呢？

狗狗感冒時的鮮食

擊退感冒的五大營養素

1 蛋白質 強化免疫力、預防感染症

含有的食材 --------- 雞肉、雞蛋、牛肉、豬肉、沙丁魚、竹莢魚、鱈魚、鮪魚、鮭魚、豆漿、豆腐、大豆、乳製品

2 醣類 補充能量恢復活力

含有的食材 --------- 白米、糙米、薏仁、烏龍麵、蕎麥麵、小麥、番薯、水果

3 維生素C 輔助免疫功能、對抗壓力

含有的食材 --------- 青花菜、花椰菜、青椒、番茄、南瓜、菠菜、水果

4 維生素B1 消除疲勞

含有的食材 --------- 豬肉、雞肝、鮭魚、沙丁魚、糙米、大豆、納豆、豆腐、四季豆、菠菜

5 維生素A 強化黏膜、預防感染症

含有的食材 --------- 雞肝、蛋黃、鰻魚、海苔、山茼蒿、胡蘿蔔、南瓜、菠菜、小松菜、埃及國王菜、起司

烹調重點

「高熱量、高蛋白質的食物能加強抵抗力，而如果是脂肪含量少、膳食纖維多的食材，則記得要煮到軟爛或磨成泥狀，可幫助消化吸收讓疲累的腸胃得到休息。」

PART 2

擊退疾病的食譜

狗狗出現這些行為的時候要特別注意

不要忽略疾病的徵兆！

察覺到愛犬身體不舒服是飼主的任務。那麼「從哪裡開始檢查比較好呢」，答案請看左上角的列表。

疾病徵兆檢查表

發現狗狗和「平常的樣子」不太一樣時就要特別注意，仔細觀察愛犬表現出來的徵兆吧。

- ☐ 1 整天都在睡覺
- ☐ 2 不想散步
- ☐ 3 有眼屎、淚痕
- ☐ 4 變胖
- ☐ 5 皮屑、脫毛
- ☐ 6 毛髮粗糙沒有光澤
- ☐ 7 下痢
- ☐ 8 衰弱無力
- ☐ 9 淋巴結腫脹
- ☐ 10 牙齦出血
- ☐ 11 走路會碰撞到物體
- ☐ 12 蹲下卻沒有排尿
- ☐ 13 搔抓耳朵
- ☐ 14 咳嗽
- ☐ 15 跛腳
- ☐ 16 食慾正常卻逐漸消瘦
- ☐ 17 呼吸急促
- ☐ 18 經常舔腳
- ☐ 19 耳朵發臭
- ☐ 20 嘔吐
- ☐ 21 便祕
- ☐ 22 無法直線行走

懷疑狗狗可能生病時的處理方式

基本上就是「將狗狗帶去動物醫院檢查」，不過因為狗狗是一種很會忍耐的生物，所以經常會有一出現比較明顯的症狀後，健康狀態就急速惡化的情形。很多飼主在這個時候都會自責說：「如果自己能早一點發現就好了……」可是就如同前面所說的，有時候這也是無可奈何的事情。不過正因如此，平時對狗狗的觀察非常重要，請飼主們參考上面的檢查表多加注意喔！

實際上可能是這些疾病……

右邊頁面所列的症狀可能代表下列疾病。

1. 老化、各種健康狀態不良
2. 老化、各種健康狀態不良、腳部疼痛、精神上的排斥
3. 排泄不順
4. 老化、吃太多、運動不足、解毒過程進行中
5. 內分泌疾病、排泄不順、血液循環不良、藥物副作用
6. 消化系統疾病
7. 消化不良、重建腸內環境、壓力、膳食纖維攝取不足、藥物副作用
8. 癌症、肝病、消化系統疾病、老化、脫水
9. 發炎、關節疾病、癌症
10. 牙周病
11. 白內障
12. 膀胱炎、尿結石、腎炎
13. 外耳炎
14. 心臟病、心絲蟲感染症
15. 關節炎、脫臼、受傷
16. 糖尿病、癌症
17. 呼吸系統疾病（肺部、鼻子）、發炎
18. 排泄不順、壓力
19. 外耳炎
20. 飲食不適應、癌症
21. 重建腸內環境、壓力、膳食纖維攝取不足
22. 腳受傷（例如尖銳物刺到腳底）、關節炎、腦部問題

疾病改善與飲食之間的關係

人類也是如此，並沒有所謂「只要吃了這種食物疾病就會痊癒」的飲食存在。可是身體的確是由各種營養素組成，因此「只」攝取特定的營養素並不足夠，需要全面攝取。而營養素的補充就必須從飲食而來，基本的攝取方式就是不偏食，並儘量使用當季的食材。雖然食材與藥物不同，對身體的作用比較溫和，但卻能一點一點地發揮效用。疾病其實是一種「身體因為某種原因失去平衡，必須趕緊恢復原狀」的警訊，而藉由靈活運用食材的效力，能夠將身體失去的平衡逐漸找回來。

排毒食譜

每週一次幫狗狗的身體進行大掃除

生病後再想辦法改善與生病前就開始預防，這兩種的結果完全不一樣。趁著狗狗健康的時候就來幫助牠們排毒吧！

將體內蓄積的代謝廢物排泄乾淨，找回健康的身體。

排除代謝廢物所需的五大營養素

1 鉀
排出體內多餘的鈉

含有的食材 ---- 番茄、馬鈴薯、番薯、山藥、納豆、四季豆、蘋果、羊栖菜、海帶芽、昆布

2 膳食纖維
排出腸內的有害物質

含有的食材 ---- 牛蒡、青花菜、番薯、紅豆、羊栖菜、海帶芽、糙米、四季豆、杏仁

3 牛磺酸
強化肝臟功能、促進排出代謝廢物

含有的食材 ---- 牡蠣、干貝、蛤蜊、蜆仔、鮪魚、鯖魚、沙丁魚等魚肉的暗紅色部分

4 花青素
消除活性氧

含有的食材 ---- 黑糯米、紫番薯、紫色高麗菜、藍莓、茄子、紅豆、黑芝麻

5 硫
排出體內的有害礦物質

含有的食材 ---- 白蘿蔔、大蒜、雞蛋、大豆、鮪魚、牛奶、魚、肉類

淨化體內環境！
將代謝廢物排出體外

納豆
山藥泥雜菜粥

烹調重點

「將具有利尿作用或排出代謝廢物作用的食材加以搭配組合，若能加上含有抗氧化物質的黃綠色蔬菜的話會更有效果。充足的水分是排出體內代謝廢物的重要環節！如果是擔心自家愛犬腸胃比較弱的飼主，將蔬菜磨成泥，或切碎並仔細燉煮到軟爛就可以放心了。」

【材料】

● 竹筴魚
含有DHA、EPA的蛋白質來源。

● 薏仁飯
可增強體力的能量來源，同時還具有利尿作用。

● 納豆
能增強體力，含有大豆異黃酮，具有利尿作用。

● 羊栖菜
可補充經常攝取不足的礦物質。

● 山藥
能保護胃腸黏膜，含有消化酵素。

● 胡蘿蔔
β-胡蘿蔔素和維生素C能強化免疫力，預防感染症。

● 四季豆
具有抗菌解毒作用，同時含有豐富的維生素。

● 南瓜
含有β-胡蘿蔔素能強化免疫力

● 黑芝麻
含有花青素及維生素E。

【作法】

1 先將竹筴魚、羊栖菜、胡蘿蔔、四季豆、南瓜切成容易入口的大小，山藥則磨成泥。

2 在鍋裡放入竹筴魚、羊栖菜和水200cc煮沸，接著放入薏仁飯、胡蘿蔔、四季豆、南瓜，煮到所有食材變軟為止。

3 將**2**放涼到人類皮膚表面溫度後盛裝到容器裡，再放上山藥、納豆和黑芝麻即可。

● 第一類／穀類　● 第二類／肉、魚、蛋、乳製品類
● 第三類／蔬菜、海藻類　● α／油脂類　● α／調味類

口內炎、牙周病

牙周病一旦惡化可能引發各式各樣的疾病

口內炎可能是「身體因為某些原因要降低食慾讓消化器官獲得休息」的一種徵狀，而牙周病可藉由平時的口腔護理預防。

症狀

口內炎會出現大量流口水及嚴重口臭等症狀，牙周病則會出現牙肉紅腫、帶有腐敗氣味的口臭、牙齦出血等症狀，同時也因為齒牙動搖，狗狗會比平常花更久的時間吃飯，給人一種好像想吃卻又沒有食慾的感覺。

原因

牙周病主要由齒垢或齒縫間的食物殘渣所造成，因此飼主平時務必要幫狗狗進行口腔護理。口內炎的原因則與感染症引起的體力下降有關。

能有效改善口內炎、牙周病的五大營養素

1 維生素A、β-胡蘿蔔素

強化黏膜防止細菌感染

含有的食材 ---- 肝臟（牛肝、豬肝、雞肝）、蛋黃、菠菜、胡蘿蔔、小松菜、南瓜

2 維生素B_1

促進細胞再生

含有的食材 ---- 豬肉、大豆、雞肉、胚芽米、糙米

3 維生素U

保護受損的胃腸黏膜

含有的食材 ---- 高麗菜、蘆筍、芹菜、青海苔

4 維生素B_2

促進細胞再生

含有的食材 ---- 乳製品、肝臟（牛肝、豬肝）、沙丁魚、鮭魚、黃綠色蔬菜、豆類、蛋黃

5 菸鹼酸

促進血液循環、加強癒合能力

含有的食材 ---- 舞菇、柴魚片、豬肉、糙米、鮭魚、香菇、鯖魚

維生素A強化口腔內的黏膜

雞肝黃綠色蔬菜粥

烹調重點

「脂溶性的維生素A可以強化黏膜防止細菌感染，為了有效地攝取到維生素A，應將食材用植物油炒過後再加以燉煮。再加上含有菸鹼酸的菇類，可以促進受損的黏膜癒合。」

【材料】

雞肝
脂肪含量少且營養價值高的蛋白質，最適合用來補充維生素A。

糙米飯
含膳食纖維，能幫助身體將代謝廢物排出體外，同時還含有維生素B_1。

蘆筍
含有維生素U，能保護受損的胃腸黏膜。

南瓜
含β-胡蘿蔔素，可強化免疫力。

胡蘿蔔
β-胡蘿蔔素和維生素C能強化免疫力，預防感染症。

舞菇
含有能促進癒合的菸鹼酸。

橄欖油
補充能量。

【作法】

1 將雞肝、南瓜、胡蘿蔔、舞菇、蘆筍切成容易入口的大小。

2 在鍋中倒入橄欖油加熱，放入雞肝炒至表面變色為止，接著放入南瓜、胡蘿蔔、舞菇繼續翻炒，之後加入糙米飯並加水蓋過所有食材後，煮到全部變軟為止。

3 最後加入蘆筍稍加煮沸後攪拌均勻即可。

● 第一類／穀類 ● 第二類／肉、魚、蛋、乳製品類
● 第三類／蔬菜、海藻類 ● α／油脂類 ● α／調味類

南瓜玉米湯

適合狗狗想吃飯卻難以進食的時候

烹調重點

「狗狗因為口腔或牙齒疼痛導致明明想吃飯卻難以進食的時候，可餵給牠們吃高蛋白質且容易消化的液狀鮮食。可選用含有維生素B_1能促進細胞再生的豬肉，再搭配含有維生素U可幫助消化的高麗菜，是非常萬全的組合。」

【材料】

- **豬絞肉** 富含維生素B群的蛋白質來源。
- **豆漿** 方便攝取植物性蛋白質的液體，所含的維生素B_1可促進細胞再生。
- **麥麩** 粉狀的麥麩是更容易消化吸收的能量來源。
- **玉米** 可補充能量的蔬菜，含有甜味而深受狗狗喜愛。

蘆筍起司燉飯

幫助受損的細胞再生

【材料】

- **雞絞肉** 味道清淡且肉質柔嫩的雞肉，最適合用來滋養身體，是含有維生素A、B群的健康食材。
- **雞蛋** 含有均衡胺基酸的優質蛋白質。
- **帕瑪森起司** 增加嗜口性的調味類食材，同時也含有豐富的鈣質。
- **白飯** 能量來源。
- **蘆筍** 所含的天門冬胺酸有強身健體的功效，同時還含有葉酸可幫助細胞生成。
- **杏仁片** 含有豐富的維生素B群。
- **香菇** 含有菸鹼酸能幫助癒合。
- **小松菜** 富含β-胡蘿蔔素和維生素C，同時也含有鋅能幫助細胞生成，是萬

鮭魚大豆雜菜粥

口腔保健從胃腸開始

烹調重點

「使用脂肪含量少且容易消化的食材，加上可保護胃腸黏膜的高麗菜效果會更好。」

【材料】

- **鮭魚** 含有蝦青素（類胡蘿蔔素）及維生素B群的蛋白質來源。
- **薏仁飯** 可有效增強體力，並具有消炎、鎮痛的效果
- **水煮大豆** 富含植物性蛋白質。
- **高麗菜** 含維生素U，能強化胃腸黏膜、幫助消化吸收。
- **胡蘿蔔** β-胡蘿蔔素和維生素C能強化免疫力，預防感染症。

●南瓜
含β-胡蘿蔔素，可強化免疫力。
●高麗菜
含維生素U，能強化胃腸黏膜、幫助消化吸收。
●小芋頭
主要成分為澱粉，黏滑成分有助於蛋白質的消化並強化免疫力。

【作法】
1 將所有食材以食物調理機打成泥狀。
2 在鍋中放入所有食材及可蓋過食材的水。
3 一邊煮一邊攪拌均勻避免鍋底燒焦，直到煮沸為止。

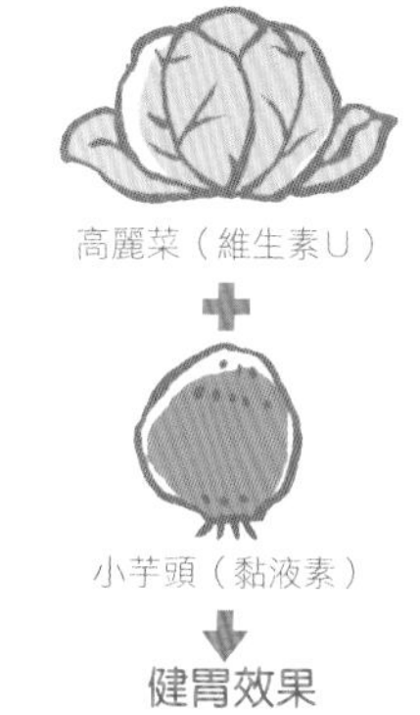

能的青菜。
●橄欖油
補充能量。

【作法】
1 將蘆筍、香菇、小松菜切成容易入口的大小。
2 將雞絞肉和雞蛋放入鍋中翻炒，接著加入蘆筍、香菇、小松菜、杏仁片和白飯翻炒均勻。
3 在鍋裡加入可蓋過食材的水量，並燉煮到所有食材變軟為止。最後加入橄欖油和帕瑪森起司混合均勻即可。

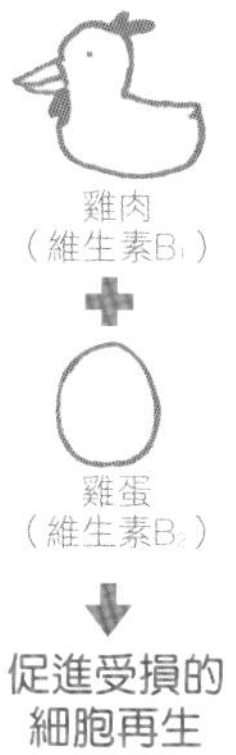

烹調重點
「能促進細胞再生的維生素B群具有水溶性的特性，為了能充分攝取到溶於水中的營養素，應在鮮食中加入大量水分以便於讓狗狗吸收。而加入起司可增加鮮食的風味讓狗狗更愛吃。」

●青花菜
富含β-胡蘿蔔素和維生素C能輔助免疫功能。
●白蘿蔔
含有消化酵素澱粉酶。
●葛粉
能保護胃腸黏膜

【作法】
1 將鮭魚、水煮大豆、高麗菜、胡蘿蔔、青花菜切成容易入口的大小，白蘿蔔磨成泥。
2 在鍋中放入鮭魚、水煮大豆、高麗菜、胡蘿蔔、青花菜和薏仁飯，加水蓋過食材後開始燉煮。
3 等所有食材煮軟之後加入葛粉水進行勾芡，盛裝到容器之後再放上白蘿蔔泥即可。

定期排毒打造不怕感染的健康身體

細菌、病毒、黴菌感染症

平時就用心為狗狗打造即使感染到病原體也不會發病的強健身體，倘若發病，則全力提昇狗狗的體力和幫狗狗排毒。

症狀

不論是人類還是狗狗都不可能生活在「無菌狀態」下，所以經常會被某種病原體感染，只是通常要在抵抗力差的時候才會出現各式各樣的症狀。飼主一旦發現狗狗精神不好，感覺和平常不太一樣的時候，請盡快將牠帶到動物醫院檢查。

原因

感染的途徑包括藉由空氣感染或飛沫感染吸入病原體、病原體從傷口或黏膜入侵到體內、或是吃入被病原體汙染的食物等。

狗狗發生細菌、病毒、黴菌感染症時應積極攝取的五大營養素

1 維生素A、β-胡蘿蔔素

強化黏膜

含有的食材 ---- 肝臟（牛肝、豬肝、雞肝）、蛋黃、菠菜、胡蘿蔔、小松菜、南瓜、蕪菁葉

2 維生素C

強化免疫力

含有的食材 ---- 白蘿蔔、青花菜、花椰菜、南瓜、小松菜、番薯、青椒、洋香菜、四季豆、蕪菁

3 EPA、DHA、omega-3脂肪酸

維持免疫力、抑制發炎

含有的食材 ---- 沙丁魚、秋刀魚、鰹魚、竹莢魚、鰤魚、鯖魚、小魚乾、芝麻、核桃、亞麻仁油、荏胡麻油

4 維生素B_2

維持皮膚、黏膜的健康

含有的食材 ---- 乳製品、肝臟（牛肝、豬肝）、沙丁魚、鮭魚、黃綠色蔬菜、豆類、蛋黃、乾香菇

5 維生素E

抑制活性氧

含有的食材 ---- 核桃、植物油、大豆、鰹魚、山茼蒿、南瓜

強化黏膜、防止病毒從黏膜入侵體內！

鯖魚炒飯

烹調重點

「將鮮食用油炒過可以更有效地吸收到維生素A，建議將富含維生素的蔬菜與含有EPA、DHA的魚類搭配後進行烹調。」

【材料】

- **鯖魚**
  富含EPA、DHA，同時含有維生素B_2可維持皮膚、黏膜的健康。
- **蛋黃**
  高營養價值的優質蛋白質。
- **雜糧飯**
  富含維生素、礦物質的能量來源。
- **山茼蒿**
  含有維生素E的黃綠色蔬菜。
- **胡蘿蔔**
  含β-胡蘿蔔素和維生素C能強化免疫力，預防感染症。
- **四季豆**
  含有蛋白質和碳水化合物的蔬菜，還含有維生素C能提高免疫功能。
- **鴻喜菇**
  含維生素D和鮮味成分麩醯胺酸。
- **芝麻油**
  能量來源。

【作法】

1. 將鯖魚、山茼蒿、胡蘿蔔、四季豆、鴻喜菇切成容易入口的大小。
2. 鍋中倒入芝麻油加熱，放入蛋黃炒散，接著加入鯖魚和白飯均勻翻炒至全熟為止。
3. 最後加入蔬菜仔細翻炒至全部食材炒熟為止。

維持良好的免疫力，防止感染發生

鰹魚納豆蕎麥麵

烹調重點

「增強體力才能發揮身體的免疫力。大量使用鰹魚、納豆等優質蛋白質，再加上能攝取到維生素C的黃綠色蔬菜，可有效強化免疫力和增強體力。」

【材料】

鰹魚
富含維生素B群和蛋白質，是可以打造健康身體的優質食材。

蕎麥麵
含有芸香素可讓微血管更強健。

納豆
高蛋白質低熱量。

小松菜
富含維生素C且同時含有鋅可促進細胞生成的萬能青菜。

豌豆莢
含有β-胡蘿蔔素和維生素C。

利用維生素和礦物質緩和狗狗的感染症狀

蜆仔高湯雞肉粥

【材料】

雞胸肉
含維生素A、B_2的蛋白質來源，能保持肌膚與黏膜的健康。

蜆
含有鮮味成分琥珀酸的優質蛋白質。

糙米飯
富含維生素、礦物質的能量來源。

羊栖菜
可補充經常攝取不足的礦物質。

香菇
含有增強免疫力的葡聚醣。

蕪菁、蕪菁葉
含有消化酵素澱粉酶，葉子的部分富含抗氧化維生素。

芝麻油
可補充維生素E。

昆布粉、小魚乾粉
含有礦物質，事先磨成粉狀保存可便於使用。

藉由維生素B_1、B_2促進血液循環、活化免疫細胞

薑燒豬肉蓋飯

烹調重點

「維生素C是一種很怕熱的營養素，因此鮮食中若有黃綠色蔬菜時，記得不要炒太久以免營養流失。豬肉含有豐富的維生素B群，烹調時應確實煮熟以免有寄生蟲的問題。」

【材料】

豬後腿肉
富含維生素B群的蛋白質來源。

白飯
能量來源。

薑
促進新陳代謝並具有解毒功能，烹調時拉長加熱時間可有效抑制薑的辛辣味。

青椒
同時含有維生素C和維生素P，可以減少維生素C在加熱過程中的流失。

●南瓜
含β-胡蘿蔔素可強化免疫力。

【作法】
1 將鰹魚、小松菜、豌豆莢、南瓜切成容易入口的大小。
2 在鍋裡放入鰹魚和南瓜並加入蓋過食材的水，煮沸後加入切成適當長短的蕎麥麵。
3 待蕎麥麵煮軟之後加入豌豆莢和小松菜煮熟，關火並放涼到人類體表溫度後盛裝到容器裡，最後放上納豆即可。

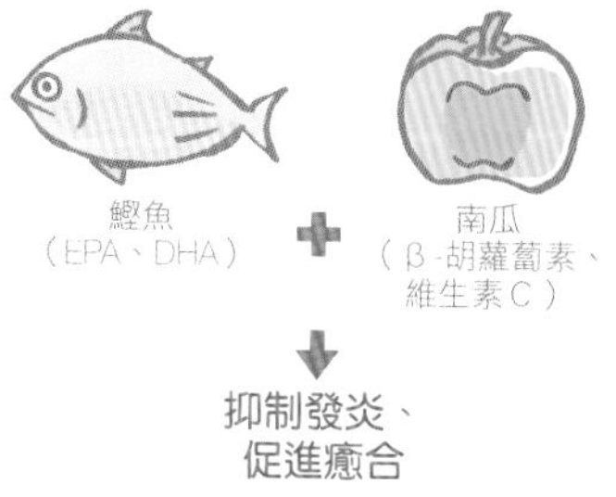

【作法】
1 將雞肉、香菇、蕪菁葉切成容易入口的大小，羊栖菜切碎，蕪菁磨成泥狀。
2 鍋中放入蜆、昆布、小魚乾粉和蓋過食材的水後，熬煮出高湯。
3 在**2**中放入糙米飯、雞肉、羊栖菜、香菇，將所有食材燉煮至全熟後，再加入蕪菁葉攪拌均勻。待放涼至人類體表溫度後盛裝到容器中，最後放上磨成泥的蕪菁和一小匙芝麻油即可。

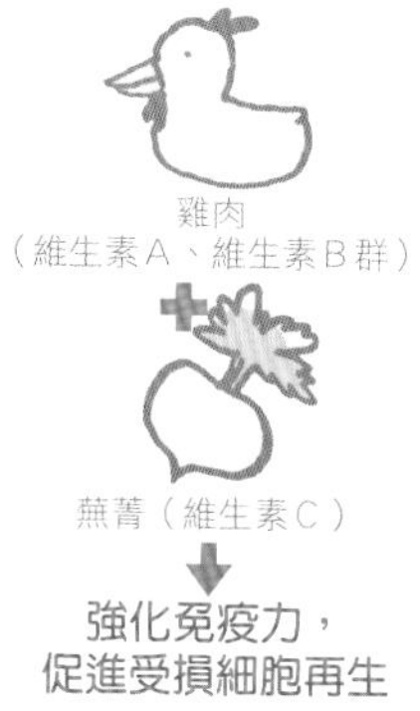

烹調重點
「使用富含礦物質的海藻類食材時，由於較難消化，最好將其磨成粉末或切碎，並仔細燉煮到軟爛為止。」

●胡蘿蔔
β-胡蘿蔔素和維生素C能強化免疫力，預防感染症。
●菠菜
富含維生素、礦物質，可增強活力。
●香菇
含有增強免疫力的葡聚醣。
●碎芝麻
含有omega-3脂肪酸。
●芝麻油
能量來源。

【作法】
1 將豬肉、青椒、胡蘿蔔、菠菜、香菇切成容易入口的大小，薑磨成泥。
2 用芝麻油熱鍋之後放入**1**加以翻炒，待所有食材炒熟後加入白飯翻炒均勻。
3 將**2**盛裝到容器後灑上碎芝麻即可。

● 第一類／穀類　● 第二類／肉、魚、蛋、乳製品類
● 第三類／蔬菜、海藻類　● α／油脂類　● α／調味類

排泄不順

在蓄積前就要加以排除，而非等到蓄積後才排除

就像淤積的水會腐臭一樣，代謝廢物若是累積在體內很可能會導致生病。吃下去就要排出來！這就是保持健康的祕訣。

症狀

尿液深黃、體臭、口臭、尿臭味嚴重、眼屎、淚痕、深褐色耳垢、流鼻水、經常舔舐趾間等。

原因

體內所產生的代謝廢物其主要的排泄途徑就是尿液。健康的狗狗在攝取到充足的水分後，能夠藉由排出稀薄的尿液將代謝廢物排泄出體外，但是有些狗狗無法將所攝取到的水分充分排出，而容易蓄積在體內。有的狗狗則是因為血液循環不良而無法將代謝廢物有效回收，導致廢物留在體內。

排泄不順的狗狗應積極攝取的五大營養素

1 皂苷
促進排泄

含有的食材 ---- **大豆、凍豆腐、納豆、味噌、豆腐渣**

2 牛磺酸
強化肝臟功能

含有的食材 ---- **牡蠣、干貝、蛤蜊、鮪魚、鯖魚、竹筴魚、沙丁魚等魚肉深色的部分**

3 花青素
抑制活性氧的產生

含有的食材 ---- **茄子、紅豆、黑豆、紫色高麗菜、紫番薯**

4 維生素C
增加抵抗力預防感染

含有的食材 ---- **白蘿蔔、青花菜、花椰菜、南瓜、小松菜、番薯、青椒、洋香菜、冬瓜、白菜**

5 維生素E
增加抵抗力預防感染

含有的食材 ---- **核桃、植物油、大豆、豆腐、鰹魚、山茼蒿、碎芝麻**

利尿作用促進狗狗排尿

雞肉冬瓜湯

烹調重點

「使用含有皂苷、鉀等具有利尿效果的食材。將鮮食做成湯飯的型態，可以增加狗狗水分的攝取量。」

【材料】

●雞里肌肉
高蛋白質低脂肪的蛋白質來源。

●干貝
富含牛磺酸能強化肝臟功能。

●紫米飯
添加含有花青素的紫米。

●豆腐
含有皂苷，是容易消化的植物性蛋白質。

●小黃瓜
富含水分和鉀，具有利尿作用。

●牛蒡
富含膳食纖維能溫暖身體，並具有解毒和利尿作用。

●冬瓜
富含維生素C及水分，並具有利尿作用。

●胡蘿蔔
β-胡蘿蔔素和維生素C能強化免疫力，預防感染症。

●昆布粉
可補充礦物質，事先磨成粉末在使用上更方便。

【作法】

1 將雞里肌肉、干貝、牛蒡、冬瓜、胡蘿蔔、豆腐切成容易入口的大小。

2 鍋中加入**1**和昆布粉、白飯，加水蓋過所有食材後一起煮熟。

3 放涼到人類體表溫度後盛到容器裡，再放上磨成泥的小黃瓜即可。

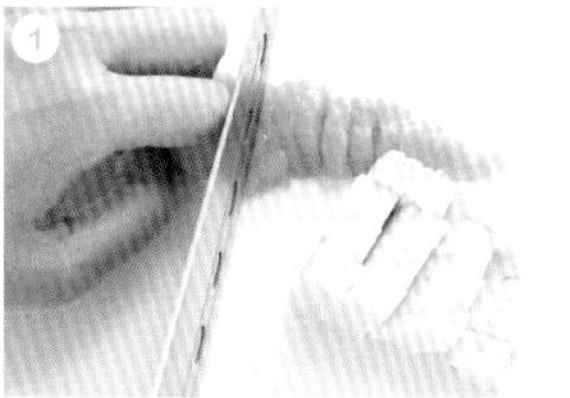

● 第一類／穀類　● 第二類／肉、魚、蛋、乳製品類
● 第三類／蔬菜、海藻類　● α／油脂類　● α／調味類

大量的水分將代謝廢物排出體外

鮪魚麻婆豆腐蓋飯

烹調重點

「大量的水分可增加排尿量。可利用葛粉或太白粉勾芡讓狗狗更容易進食。由於大豆製品含有皂苷能促進排泄，因此可在鮮食中加入豆腐、豆腐渣或大豆。」

【材料】

- **鮪魚** 含有牛磺酸的蛋白質來源。
- **白飯** 能量來源。
- **凍豆腐** 富含皂苷和植物性蛋白質。
- **白蘿蔔** 含有消化酵素澱粉酶。
- **胡蘿蔔** β-胡蘿蔔素和維生素C能強化免疫力，預防感染症。
- **茄子** 含有花青素，可連皮一起食用。

減少體脂肪，並且讓代謝廢物不蓄積在體內

沙丁魚丸燉煮烏龍麵

【材料】

- **沙丁魚** 魚肉的深色部分含有牛磺酸，烹調時記得一併使用。
- **烏龍麵** 糖分少的能量來源。
- **豆腐渣** 含有植物性蛋白質，是高蛋白質低熱量的食品。
- **羊栖菜** 可補充經常攝取不足的礦物質。
- **紅豆（水煮紅豆）** 含有具有抗氧化作用的花青素。
- **白菜** 含有維生素C，具有利尿作用。
- **胡蘿蔔** β-胡蘿蔔素和維生素C能強化免疫力，預防感染症。
- **味噌** 含有皂苷和酵素的發酵食品。
- **碎芝麻** 補充維生素E。

加速體內代謝，讓排泄更順暢

雜菜冷湯泡飯

烹調重點

「含有菸鹼酸的竹莢魚與糙米能加速體內代謝，加上含有鐵的青菜（菠菜或小松菜）一起烹調，可減少鐵分攝取不足或菸鹼酸攝取不足的可能性。」

【材料】

- **竹莢魚** 含牛磺酸的蛋白質來源，烹調時應連同魚肉的深色部分一併使用。
- **加了紫米的糙米飯** 富含維生素、礦物質的能量來源，可加入含有花青素的紫米。
- **豆腐** 含有皂苷且容易消化的植物性蛋白質。
- **小黃瓜** 含有豐富的水分和鉀，具有利尿作用。

● **芝麻油**
能量來源。

● **葛粉**
保護胃腸黏膜。

【作法】

1 凍豆腐用水泡軟後，與鮪魚、白蘿蔔、胡蘿蔔、茄子一起切成容易入口的大小。

2 鍋裡倒入芝麻油加熱，放入**1**翻炒後，加水蓋過所有食材並進行燉煮。

3 待所有食材煮熟後，倒入葛粉水勾芡，最後淋在已盛裝在容器裡的白飯上面。

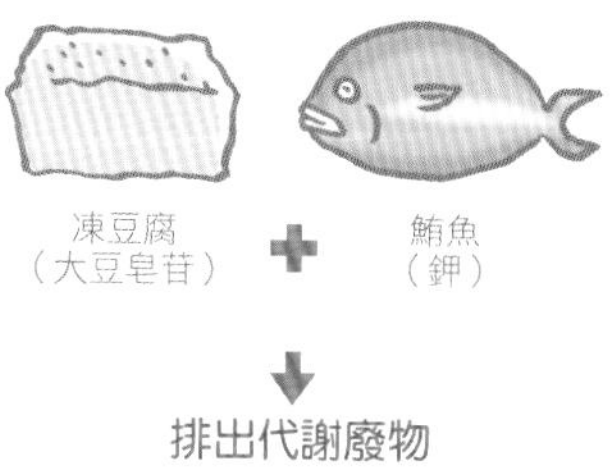

【作法】

1 將沙丁魚用食物調理機打成肉泥與豆腐渣混合均勻，把羊栖菜、白菜、胡蘿蔔、烏龍麵切成容易入口的大小。

2 在鍋裡放入沙丁魚以外的**1**之食材、水煮紅豆、蓋過食材的水和碎芝麻後煮沸，並加入一小匙左右的味噌。

3 沸騰後加入捏成一口大小的沙丁魚丸，並將所有食材煮熟。

烹調重點

「將高蛋白質低脂肪的食材加以搭配組合，從青魚類與植物油中攝取到的脂肪不易蓄積在體內。少量的味噌可增加鮮食的嗜口性，發酵食品則可攝取到特有的鮮活營養素。」

● **青紫蘇**
富含維生素和礦物質，具有殺菌和增進食慾的效果。

● **小松菜**
富含β-胡蘿蔔素和維生素C能加強抵抗力。

● **碎芝麻**
可補充維生素E。

● **小魚乾**
含有足以與貝類匹敵的牛磺酸。

【作法】

1 將竹莢魚、小黃瓜、紫蘇葉、小松菜切成容易入口的大小，小魚乾用食物調理機打成粉末。

2 鍋裡放入竹莢魚、小魚乾及用手捏碎的豆腐，加水蓋過所有食材後一起煮熟，接著放入小松菜和小黃瓜全部攪拌均勻。

3 將煮軟的紫米糙米飯盛裝在容器中並淋上**2**，最後灑上紫蘇葉和碎芝麻即可。

● 第一類／穀類 ● 第二類／肉、魚、蛋、乳製品類
● 第三類／蔬菜、海藻類 ● α／油脂類 ● α／調味類

異位性皮膚炎

體表出現原因不明的搔癢症

雖然發病後大多轉為慢性，但若能將體內的病原體排除，通常也能讓病況獲得改善。

症狀

嚴重搔癢（通常發生在耳朵或眼睛周圍、腳掌、鼠蹊部及腋下）、沒有精神、身體發出獨特的臭味（臭味擴散到屋內）。

原因

目前有兩種說法，分別是接觸到引發過敏反應的物質（過敏原）所導致，以及因為感染病原體而發病所造成。若是狗狗天生就有本病的話，則有遺傳造成以及幼犬在母犬產道內感染到病原體而造成的兩種說法。

患有異位性皮膚炎的狗狗應積極攝取的五大營養素

1 穀胱甘肽

將毒素排出細胞外、緩和皮膚發炎反應

含有的食材 ---- **南瓜、青花菜、蘆筍、馬鈴薯、番茄、牛腱、肝臟（牛肝、豬肝、雞肝）、豬腰內肉**

2 EPA、DHA

維持良好的免疫力、抑制發炎反應

含有的食材 ---- **沙丁魚、秋刀魚、竹莢魚、鰤魚、鯖魚、小魚乾、魩仔魚乾、蛤蜊**

3 牛磺酸

強化肝臟功能

含有的食材 ---- **鮪魚、鯖魚、沙丁魚、竹莢魚、紅肉魚的深色魚肉部分、干貝、牡蠣、蛤蜊、小魚乾**

4 維生素 B_6

抑制脂肪蓄積在肝臟內

含有的食材 ---- **豬後腿肉、沙丁魚、鮭魚、鯖魚、鮪魚、香蕉、牛肝、芝麻、納豆、雞蛋**

5 生物素

維持皮膚健康

含有的食材 ---- **糙米、小麥胚芽、蛋黃、大豆、堅果、芝麻、黃豆粉**

抑制皮膚發炎及改善症狀

沙丁魚番茄大豆雜燴

烹調重點

「使用大蒜可防止黴菌感染，不過因為大量攝取可能會造成狗狗貧血，所以請記得不要經常給狗狗食用。」

【材料】

●**沙丁魚**
富含ＤＨＡ、ＥＰＡ及維生素Ｂ群的蛋白質來源。

●**茅屋起司**
可增加鮮食嗜口性的調味用食材。

●**白飯**
能量來源。

●**青花菜**
含有穀胱甘肽，豐富的維生素Ｃ可強化免疫力。

●**番茄**
含有穀胱甘肽，以及抗氧化物質茄紅素。

●**水煮大豆**
含有生物素可維持皮膚健康。

●**大蒜**
每日一瓣用來預防黴菌感染。

●**橄欖油**
能量來源。

【作法】

1 將沙丁魚、青花菜、番茄、水煮大豆切成容易入口的大小，１／２瓣大蒜磨成泥。

2 鍋中倒入橄欖油加熱，放入大蒜和沙丁魚翻炒，炒熟之後加入番茄、水煮大豆、白飯和水１００cc燉煮。

3 最後加入青花菜煮熟後，盛裝到容器中再放上茅屋起司即可。

1
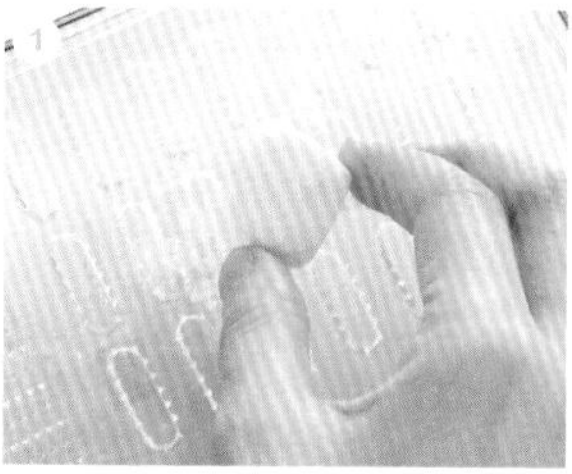

2

3

●第一類／穀類　●第二類／肉、魚、蛋、乳製品類
●第三類／蔬菜、海藻類　●α／油脂類　●α／調味類

緩和症狀前先將代謝廢物排出體外

秋刀魚根菜湯

烹調重點

「使用富含膳食纖維的根莖類蔬菜時，記得要先將蔬菜切碎並燉煮到軟爛，以免狗狗消化不良。」

【材料】

- **秋刀魚**
  含有DHA、EPA的蛋白質來源。
- **干貝**
  含有豐富的牛磺酸。
- **馬鈴薯**
  含有穀胱甘肽能抑制皮膚發炎的能量來源。
- **蘆筍**
  含有能滋養強身的天門冬胺酸、幫助細胞生成的葉酸以及抑制皮膚發炎的穀胱甘肽。
- **南瓜**
  含β-胡蘿蔔素能強化免疫力。

保健腸胃讓皮膚更健康

豆漿葛粉燴蛋炒飯

【材料】

- **雞蛋**
  含有均衡胺基酸的蛋白質來源，蛋黃中含有豐富的生物素。
- **豬腰內肉**
  富含維生素B群的蛋白質來源。
- **白飯**
  能量來源。
- **豆漿**
  含有植物性蛋白質、維生素B群和維生素E。
- **萵苣**
  維生素U能保護胃黏膜，同時還含有維生素C。
- **蕪菁、蕪菁葉**
  含有消化酵素澱粉酶，葉子中則有豐富的抗氧化維生素。
- **甜椒**
  含有維生素B_6，所含的β-胡蘿蔔素和維生素C能強化免疫力。
- **芝麻油**
  能量來源。

穀胱甘肽能保護細胞和對抗病原體

蛤蜊湯飯

烹調重點

「鮮食中加入白蘿蔔可利用它的消化酵素幫助消化。」

【材料】

- **豬後腿肉**
  富含維生素B群的蛋白質來源。
- **雜糧飯**
  能量來源。
- **菠菜**
  富含維生素、礦物質，可以補充狗狗活力。
- **南瓜**
  含β-胡蘿蔔素能強化免疫力。
- **胡蘿蔔**
  含β-胡蘿蔔素和維生素C，可有效維持皮膚健康及強化免疫力。
- **白蘿蔔**
  含有消化酵素澱粉酶。
- **黃豆粉**
  以含有生物素的大豆為原料，可直接灑在鮮食上十分方便。

●**蓮藕**
含有豐富的膳食纖維與蔬菜中少有的維生素B群。

●**牛蒡**
豐富的膳食纖維可解毒，並將腸內的代謝廢物排出體外。

●**碎芝麻**
含有維生素B_6和維生素E。

【作法】

1 將秋刀魚、干貝、馬鈴薯、蘆筍、南瓜、蓮藕、牛蒡切成容易入口的大小。

2 將步驟**1**的食材放入鍋中，並加水蓋過所有食材後將其煮熟。

3 盛裝到容器裡並灑上碎芝麻即可完成。

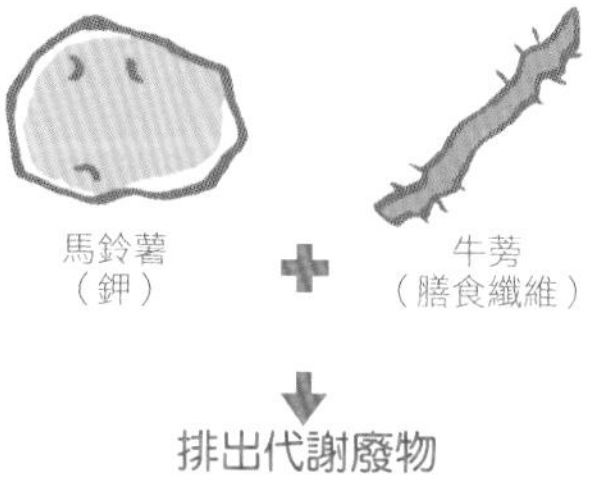

●**小魚乾粉**
DHA、EPA和牛磺酸來源。

●**葛粉**
保護胃腸黏膜。

【作法】

1 將萵苣、蕪菁、蕪菁葉、甜椒切成容易入口的大小。

2 鍋中倒入芝麻油加熱，放入雞蛋與白飯翻炒均勻後盛到盤子裡。

3 在同一個鍋中放入**1**與豬肉、小魚乾粉、水100cc、豆漿一起煮沸，再倒入葛粉水進行勾芡，最後淋到盛裝在盤子裡的蛋炒飯上。

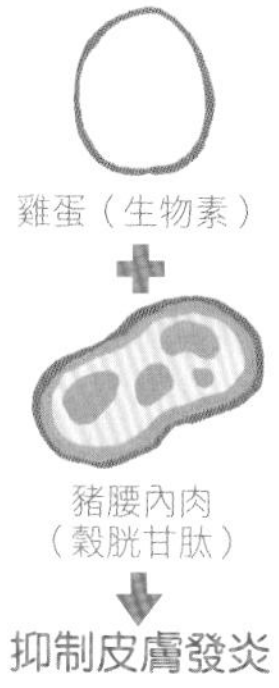

烹調重點

「溫熱的食物比冰冷的食物更能保護腸黏膜、減少腸胃的負擔。為了避免太燙可放涼到人類皮膚表面的溫度。」

●**碎海苔**
可補充經常攝取不足的礦物質。

●**蛤蜊**
煮出來的高湯讓鮮食更加美味，含有牛磺酸與鮮味成分琥珀酸。

【作法】

1 將豬肉、菠菜、胡蘿蔔、南瓜切成容易入口的大小。

2 鍋中放入蛤蜊並加水蓋過蛤蜊後熬煮高湯，煮完高湯後的蛤蜊肉切碎。接著在高湯中放入**1**和白飯煮熟。

3 將鮮食盛裝到容器中，放上白蘿蔔泥、黃豆粉和碎海苔即可。

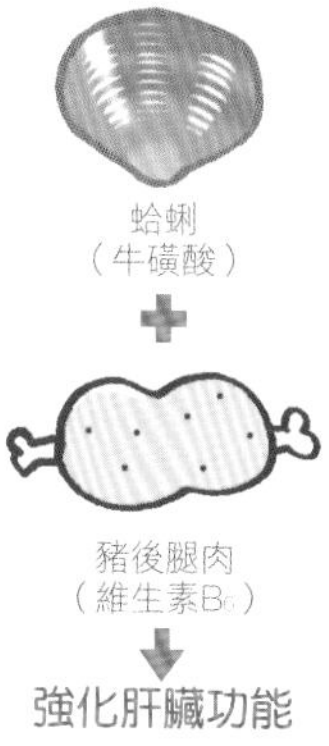

● 第一類／穀類　● 第二類／肉、魚、蛋、乳製品類
● 第三類／蔬菜、海藻類　● α／油脂類　● α／調味類

癌症、腫瘤

找出原因，改善體質及排毒！

雖然一般認為癌症是因為免疫力下降所造成，但有些病例在控制感染或改善血液循環不良的情形後，病況變得有所好轉。

症狀

乳房腫塊（乳房瘤）、皮膚出現腫塊、跛腳（骨肉瘤）、淋巴結腫脹（淋巴癌）、血液中白血球數量異常增加（白血病）。

原因

雖然癌症或腫瘤並沒有特定的病因，不過一般認為與身體遭受化學物質污染、重金屬污染、病原體感染、靜電或電磁波的影響、精神壓力等錯綜複雜的因素有關。

罹患癌症、腫瘤的狗狗應積極攝取的五大營養素

1 葉酸

促進細胞正常生成

含有的食材 ---- **菠菜、青花菜、馬鈴薯、大豆、納豆、甜椒、肝臟（牛肝、豬肝、雞肝）**

2 礦物質

維持細胞正常運作

含有的食材 ---- **魩仔魚乾、櫻花蝦、大豆、海藻類、糙米、薏仁**

3 EPA、DHA

促進血液循環

含有的食材 ---- **沙丁魚、秋刀魚、鰹魚、鮭魚、竹莢魚、鰤魚、鯖魚、小魚乾**

4 維生素 B_6

抑制脂肪蓄積在肝臟內

含有的食材 ---- **豬大腿肉、沙丁魚、鮭魚、鯖魚、茄子、鮪魚、香蕉、牛肝、芝麻、納豆**

5 維生素 B_{12}

輔助葉酸的功能

含有的食材 ---- **蜆、蛤蜊、鰹魚、鮭魚、秋刀魚、沙丁魚、鯖魚、小魚乾**

狗狗要有體力才能進行相關治療

鰹魚黃綠色蔬菜咖哩

烹調重點

「讓狗狗充分攝取能量來源的醣類及細胞組成原料的蛋白質，來增強狗狗的體力。」

【材料】

●**鰹魚**
富含EPA、DHA的蛋白質來源。

●**雞肝**
含有促進細胞正常運作的葉酸，而且是狗狗非常愛吃的食材。

●**糙米飯**
能量來源，所含的維生素E具有抗氧化作用。

●**花椰菜**
富含維生素C的蔬菜。

●**胡蘿蔔**
含有β-胡蘿蔔素和維生素C，能強化免疫力預防感染症。

●**青花菜**
維生素C含量數一數二的蔬菜。

●**茄子**
茄子皮中含有抗氧化物質茄色素，因此最好連皮一起烹調。

●**南瓜**
含有β-胡蘿蔔素能強化免疫力。

●**薑黃**
強化肝臟功能

●**太白粉**
將鮮食勾芡讓狗狗更方便進食。

【作法】

1 將鰹魚、雞肝、花椰菜、胡蘿蔔、青花菜、茄子、南瓜切成容易入口的大小。

2 鍋中放入**1**和適量薑黃，加水蓋過所有食材後進行燉煮，待所有食材煮熟後加入太白粉水勾芡。

3 將白飯盛裝到容器中，淋上煮好的咖哩即可。

1

2

3

促進血液循環，
讓狗狗邁向痊癒之路

納豆滑菇湯

烹調重點

「含有DHA、EPA的青魚類＋大量水分的飲食可促進狗狗的血液循環，將代謝廢物排出體外。選擇青魚時最好選用當季的魚種。」

【材料】

●鯖魚
富含DHA、EPA的蛋白質來源。

●薏仁飯
可增強狗狗體力，是富含維生素與礦物質的能量來源。

●納豆
能增強體力，納豆菌中含有大量的酵素。

●滑菇
具抗癌效果，含有β-葡聚醣。

●山藥
促進新陳代謝，幫助消化吸收。

抗氧化物質強化狗狗的免疫力

鮭魚菠菜番茄燉飯

【材料】

●鮭魚
含有抗氧化物質蝦青素。

●糙米飯
能量來源，所含的維生素E具有抗氧化作用。

●番茄
含有抗氧化物質番茄紅素與維生素B_6。

●高麗菜
含有抗氧化物質類黃酮和過氧化酶，並含有維生素U可有效改善腸胃不適。

●甜椒
含有葉酸、β-胡蘿蔔素，若狗狗討厭青椒苦味的話很適合以甜椒替代。

●舞菇
含有β-葡聚醣可強化免疫力。

●菠菜
含有葉酸，且富含維生素與礦物質是補充活力的來源。

將體內蓄積的代謝廢物排出

豬肉根菜燉湯

烹調重點

「富含膳食纖維的蔬菜具有良好的清腸效果，將蔬菜燉煮到軟爛可以讓味道更香濃。」

【材料】

●豬後腿肉
富含維生素B群的蛋白質來源。

●馬鈴薯
含有即使加熱也不易被破壞的維生素C，所含的鉀則能幫忙排出體內多餘的鈉。

●番薯
含有即使加熱也不易被破壞的維生素C，膳食纖維能消除便祕。

●蘆筍
富含維生素，所含的天門冬胺酸具有滋養強身的效果。

●水煮大豆
同時含有葉酸和維生素B_6。

●四季豆
含蛋白質與碳水化合物的蔬菜，所含的維生素C能輔助免疫功能。

●海帶芽
可補充經常攝取不足的礦物質。

●味噌
含有皂苷與酵素的發酵食品。

●魩仔魚乾
增加鮮食嗜口性的調味類食材。

【作法】

1 將鯖魚、四季豆、海帶芽切成容易入口的大小，山藥磨成泥。

2 鍋中放入鯖魚、魩仔魚乾、滑菇、海帶芽並加水蓋過所有食材，煮到所有食材熟透為止。

3 煮熟之後加入薏仁飯、四季豆和一小匙味噌後煮沸，最後加入山藥泥和納豆攪拌均勻即可。

鯖魚（DHA、EPA）

＋

納豆（納豆激酶）

↓

促進血液循環

●橄欖油
能量來源。

【作法】

1 將鮭魚、番茄、高麗菜、甜椒、舞菇、菠菜切成容易入口的大小。

2 鍋中倒入橄欖油加熱，放入**1**的食材與白飯翻炒均勻。

3 加水蓋過所有食材，燉煮到所有食材變軟為止。

番茄（番茄紅素）

＋

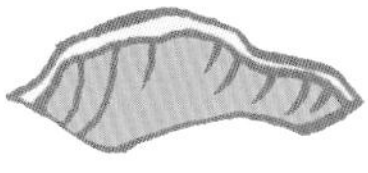

鮭魚（蝦青素）

↓

預防癌症

烹調重點

「黃綠色蔬菜中也含有豐富的抗氧化物質，搭配含β-葡聚醣的菇類會更有抗癌效果。」

●胡蘿蔔
含有β-胡蘿蔔素和維生素C，能強化免疫力預防感染症。

●牛蒡
富含膳食纖維，可將體內多餘的代謝廢物排出。

●昆布粉
可補充容易攝取不足的礦物質。

●小魚乾
含有EPA、DHA且可以增加鮮食的風味，提昇嗜口性。

【作法】

1 將豬肉、馬鈴薯、番薯、蘆筍、大豆、胡蘿蔔、牛蒡切成容易入口的大小。

2 在鍋中加入**1**、昆布粉和小魚乾，加水蓋過所有食材後煮到蔬菜軟爛為止，燉煮過程中如水分不足的話可再加水。

3 盛裝到容器中即可。

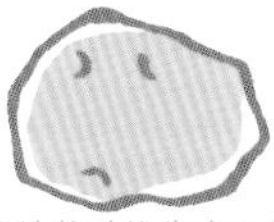

馬鈴薯（維生素C）

＋

番薯（維生素E）

↓

抗氧化作用

● 第一類／穀類　● 第二類／肉、魚、蛋、乳製品類
● 第三類／蔬菜、海藻類　● α／油脂類　● α／調味類

膀胱炎、尿路結石

比起尿液pH值，更要注意是否有病原體感染造成發炎的問題！

尿液pH值會隨飲食而改變，因此造成結石的根本原因是尿路發炎，至於尿液pH值或飲食中的礦物質含量則非本質上的原因。

症狀

血尿、尿液呈深色混濁狀、尿液散發惡臭、狗狗排尿次數增加、頻尿且尿量少、經常舔舐陰部、發燒、食慾減退、沒有活力、大量飲水等症狀。

原因

大部分是因為病原體從尿道入侵體內，感染到膀胱而發炎，不過也有少數的病例是病原體感染腎臟或透過血液等體液造成感染，後者有時還可能是因為牙周病所造成。

膀胱炎、尿路結石的狗狗應積極攝取的五大營養素

1 維生素A、β-胡蘿蔔素

強化黏膜

含有的食材 ---- 肝臟（牛肝、豬肝、雞肝）、蛋黃、菠菜、小松菜、胡蘿蔔、南瓜、青紫蘇

2 EPA、DHA

維持良好的免疫力，抑制發炎

含有的食材 ---- 沙丁魚、秋刀魚、鱈魚、竹筴魚、鰤魚、鯖魚、魩仔魚乾

3 維生素C

強化免疫力

含有的食材 ---- 白蘿蔔、青花菜、花椰菜、南瓜、小松菜、番薯、青椒、洋香菜、白菜、番茄

4 維生素E

抑制活性氧

含有的食材 ---- 核桃、植物油、大豆、鰹魚、山茼蒿、南瓜

5 維生素B₂

維持皮膚、黏膜的健康

含有的食材 ---- 乳製品、肝臟（牛肝、豬肝）、沙丁魚、鮭魚、秋刀魚、鱈魚、毛豆、黃綠色蔬菜、豆類、蛋黃

美味的湯汁是特效藥

雜菜蛋花湯飯

烹調重點

「利用魩仔魚乾和柴魚片煮出來的高湯，能讓狗狗心甘情願地喝下大量的水分。」

【材料】

●**雞蛋**
優質蛋白質來源，含有維生素A和均衡的胺基酸。

●**薏仁飯**
具有利尿作用的能量來源。

●**豆腐**
含有大豆養分並帶有大量水分的植物性蛋白質。

●**牛蒡**
富含膳食纖維能將體內多餘的代謝廢物排出。

●**薑**
能溫暖身體和增進食慾，同時具有解毒作用。

●**白菜**
含有維生素C並具有利尿作用。

●**毛豆**
同時含有豆類和蔬菜的營養，富含鉀能促進利尿作用。

●**核桃**
可補充維生素E。

●**魩仔魚乾**
煮出的高湯讓鮮食更美味，可補充鈣質。

●**柴魚片**
煮出的高湯讓鮮食更美味。

【作法】

1 將牛蒡、薑、白菜、毛豆、豆腐、核桃切成容易入口的大小。

2 鍋裡加入300cc的水，放入魩仔魚乾和柴魚片後煮沸。

3 沸騰後加入**1**和白飯，待所有蔬菜煮軟後將蛋汁倒入，稍加煮沸即可完成。

1

2

3

排出體內蓄積的毒素

紫蘇風味秋刀魚雜菜粥

烹調重點

「為了讓毒素從尿液中排出，必須讓狗狗攝取大量的水分。尤其是飲水量比較少的狗狗，很適合給予雜菜粥或稀飯類的鮮食。」

【材料】

●秋刀魚
含有EPA、DHA的蛋白質來源。

●糙米飯
能量來源。

●蓮藕
含有維生素C能強化免疫力，同時所含的單寧酸具有消炎作用。

●青紫蘇
富含β-胡蘿蔔素，同時有增進食慾的功效。

●南瓜
含β-胡蘿蔔素能強化免疫力。

利用黃綠色蔬菜擊敗細菌

薄削昆布雜菜粥

【材料】

●鱈魚
含有維生素 B_2、維生素E的蛋白質來源。

●白飯
能量來源。

●小松菜
富含β-胡蘿蔔素和維生素C，可增強抵抗力。

●萵苣
含有維生素U可保護胃黏膜，同時也含有維生素C。

●花椰菜
富含維生素C。

●胡蘿蔔
含有β-胡蘿蔔素和維生素C，能強化免疫力預防感染症。

●番茄
含有鉀能排出體內多餘鹽分。

●芝麻油
能量來源。

●薄削昆布絲（泡醋昆布絲）
含礦物質，能增添鮮食的鮮味。

利用維生素A強化膀胱的黏膜

普羅旺斯燉菜義大利麵

烹調重點

「為了讓狗狗能有效攝取到維生素A，別忘了應先將食材用橄欖油炒過。炒是攝取脂溶性維生素的基本步驟。」

【材料】

●雞肝
富含維生素A的蛋白質來源。

●雞絞肉
含有維生素A能維持肌肉與黏膜的健康，同時還含有均衡的必需胺基酸。

●通心粉
能量來源。

●胡蘿蔔
含有β-胡蘿蔔素和維生素C，能強化免疫力預防感染症。

●南瓜
含β-胡蘿蔔素能強化免疫力。

●番茄
含有鉀能排出體內多餘鹽分。

●蘆筍
富含維生素，所含的天門冬胺酸具有滋養強身的效果。

●香菇
含有維生素B_2有助於強化黏膜

●昆布粉
可補充經常攝取不足的礦物質。

【作法】

1 將秋刀魚、蓮藕、南瓜、蘆筍、香菇切成容易入口的大小。

2 在鍋中加入步驟**1**的食材、糙米飯和昆布粉，加水蓋過所有食材後開始燉煮。

3 待蓮藕煮軟後關火，加入切成細絲的青紫蘇葉後混合均勻即可。

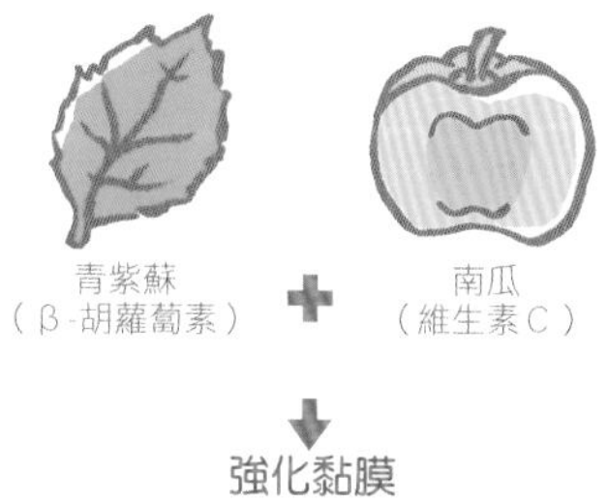

【作法】

1 首先將鱈魚、小松菜、萵苣、花椰菜、蘿蔔、番茄切成容易入口的大小。

2 接著在鍋中倒入芝麻油加熱，放入鱈魚、小松菜、花椰菜和胡蘿蔔翻炒均勻後，加水蓋過所有食材煮沸。

3 最後放入白飯和薄削昆布絲，待全部食材煮熟後再加入萵苣和番茄即可完成。

烹調重點

「為了能同時攝取到脂溶性和水溶性的維生素，含有β-胡蘿蔔素和維生素C的黃綠色蔬菜應先用油炒過後，再放入高湯內仔細燉煮。」

●芹菜
豐富的鉀具有利尿作用。

●茄子
豐富的鉀具有利尿作用。

●洋香菜
含有β-胡蘿蔔素。

●橄欖油
能量來源。

●魩仔魚乾
富含鈣質、EPA和DHA。

【作法】

1 雞肝、胡蘿蔔、南瓜、番茄、芹菜、茄子切成容易入口的大小，通心粉水煮後備用。

2 鍋中倒入橄欖油加熱，放入雞肝、雞絞肉炒熟，再加入通心粉、蔬菜和水100cc進行燉煮。

3 最後灑上切碎的洋香菜即可。

● 第一類／穀類　● 第二類／肉、魚、蛋、乳製品類
● 第三類／蔬菜、海藻類　● α／油脂類　● α／調味類

消化系統疾病、腸炎

病因不明的時候，有可能與病原感染有關!?

有些消化系統的問題只需改變飲食就能有所改善，不過有些則是病原體複合感染而造成的慢性消化系統疾病，所以必須讓狗狗接受詳細的檢查。

症狀

反覆性嘔吐、下痢、脫水、食慾減退、體重減輕、貧血、打嗝、吐血、血便、腹鳴、嚴重口臭、經常喝水、精神變差、果凍狀黏膜便等。

原因

可能的原因包括吃到腐敗的食物或有毒物質，對特定食材特別敏感，細菌、病毒、寄生蟲、原蟲、黴菌等病原體感染，飲食過量或藥物副作用等。

消化系統疾病或腸炎的狗狗應積極攝取的五大營養素

1 維生素A、β-胡蘿蔔素

強化黏膜

含有的食材 ---- 肝臟（牛肝、豬肝、雞肝）、蛋黃、菠菜、小松菜、胡蘿蔔、南瓜、青海苔

2 維生素U

保護受損的胃腸黏膜

含有的食材 ---- 高麗菜、萵苣、蘆筍、芹菜、青海苔

3 膳食纖維

調整腸內環境

含有的食材 ---- 牛蒡、高麗菜、海藻類、四季豆、秋葵、南瓜、青花菜

4 維生素 B_{12}

防止貧血

含有的食材 ---- 蜆、蛤蜊、秋刀魚、豬肉、雞蛋、鮭魚、沙丁魚、鯖魚、海苔、青海苔

5 鋅

細胞生成

含有的食材 ---- 豬後腿肉、雞蛋、鰈魚、鮭魚、牡蠣、牛後腿肉、芝麻、肝臟（牛肝、豬肝）、大豆、海苔、青海苔

防止下痢或嘔吐造成的脫水症狀

豬肉白菜豆漿湯飯

烹調重點

「利用富含膳食纖維的蔬菜調整狗狗的腸內環境時，記得要燉煮到軟爛讓蔬菜容易消化，肉類則避免選用脂肪多的部位。」

【材料】

- **豬後腿肉** 富含維生素B群的蛋白質來源。
- **白飯** 能量來源。
- **豆漿** 容易消化吸收的植物性蛋白質。
- **白菜** 含有維生素C且具有利尿作用，燉煮到軟爛後很容易消化。
- **四季豆** 含蛋白質與碳水化合物的蔬菜，同時還含有維生素C能輔助免疫功能。
- **胡蘿蔔** 含有β-胡蘿蔔素和維生素C，能強化免疫力預防感染症。
- **蕪菁** 含有消化酵素澱粉酶。
- **萵苣** 所含的維生素U能保護胃黏膜，同時也含有維生素C。

【作法】

1. 豬肉、白菜、四季豆、胡蘿蔔、蕪菁、萵苣切成容易入口的大小。
2. 豬肉放入鍋中炒到表面變色後，加入可以蓋過所有食材的豆漿。
3. 放入所有食材，一起燉煮到變軟為止。

1

2

3

● 第一類／穀類　● 第二類／肉、魚、蛋、乳製品類
● 第三類／蔬菜、海藻類　● α／油脂類　● α／調味類

維生素U＋酵素幫助消化

鰈魚蘿蔔泥燉飯

烹調重點

「可選用鯛魚、比目魚、鱈魚、鰈魚等脂肪含量少且容易消化的白肉魚。」

【材料】

- ●**鰈魚** 高蛋白質、低脂肪。
- ●**雜糧飯** 能量來源。
- ●**高麗菜** 維生素U能活化胃黏膜的新陳代謝。
- ●**胡蘿蔔** 含有β-胡蘿蔔素和維生素C，能強化免疫力預防感染症。
- ●**豌豆莢** 含有β-胡蘿蔔素和維生素C。
- ●**菠菜** 含有β-胡蘿蔔素，豐富的維生素和礦物質可補充活力。

黏黏滑滑的食物可保護胃腸黏膜

山藥泥鮪魚蓋飯

【材料】

- ●**鮪魚**（紅肉部分） 建議選擇脂肪含量比較少的紅肉部分。
- ●**蜆** 含維生素B_{12}及鮮味成分琥珀酸，能強化肝功能。
- ●**糯米飯** 糯米和堅果類一起食用能讓消化器官更強健，並增加腸道蠕動。
- ●**山藥** 黏滑成分能保護腸胃。
- ●**青海苔** 可補充經常攝取不足的礦物質。
- ●**秋葵** 含有膳食纖維及具有整腸作用的果膠。
- ●**碎芝麻** 含有鋅和維生素E。
- ●**葛粉** 保護胃腸黏膜。

溫暖身體，減少腸胃刺激

鮭魚馬鈴薯湯

烹調重點

「烹調時應將食材儘量切碎並煮到軟爛以便消化，鮮食的適當餵食溫度應該和人類肌膚表面的溫度相當，太涼的話要稍微加溫！」

【材料】

- ●**鮭魚** 含有維生素B_{12}的蛋白質來源。
- ●**茅屋起司** 高營養、低脂肪。
- ●**馬鈴薯** 所含的維生素C即使加熱也不易被破壞，能讓胃腸黏膜恢復正常。
- ●**青花菜** 維生素C的含量數一數二。
- ●**番茄** 含有鉀能排出體內多餘鹽分。
- ●**蘆筍** 含有豐富的維生素，天門冬胺酸有滋養強身的效果。

●白蘿蔔
含有消化酵素澱粉酶。

●羊栖菜
可補充經常攝取不足的礦物質。

●碎海苔
富含維生素B_{12}和鋅。

【作法】

1 將鰈魚、高麗菜、胡蘿蔔、豌豆莢、菠菜、羊栖菜切成容易入口的大小。

2 鍋中放入**1**和白飯，加水蓋過食材表面後將所有食材煮熟。

3 煮好後放涼到人類皮膚表面的溫度，再加上白蘿蔔泥和碎海苔攪拌均勻即可。

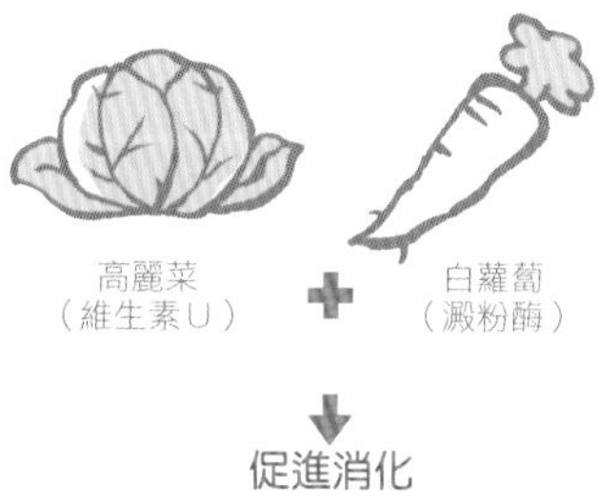

【作法】

1 將鮪魚、秋葵切成容易入口的大小，山藥磨成泥。糯米飯則以糯米比白米一比九的比例炊煮備用。

2 將蜆放入鍋中煮沸，待煮出高湯後將蜆肉切碎備用，將鮪魚放入蜆湯內煮熟後，倒入葛粉水勾芡。

3 將糯米飯盛裝到容器中，放上青海苔、秋葵、碎芝麻和山藥泥，最後再淋上**2**即可（若有新鮮的鮪魚也可直接生食）。

烹調重點

「山藥所含的消化酵素因為不耐高溫所以要以生食方式食用，利用葛粉勾芡可以整腸和保護胃部。」

●南瓜
含β-胡蘿蔔素能強化免疫力。

●薑
能溫暖身體並具有解毒作用。

【作法】

1 將鮭魚、馬鈴薯、青花菜、番茄、蘆筍、南瓜切成容易入口的大小，薑磨成泥。

2 鍋中放入**1**，煮到馬鈴薯變軟為止。

3 盛裝到容器後放涼到人類體表的溫度，再放上茅屋起司即可。

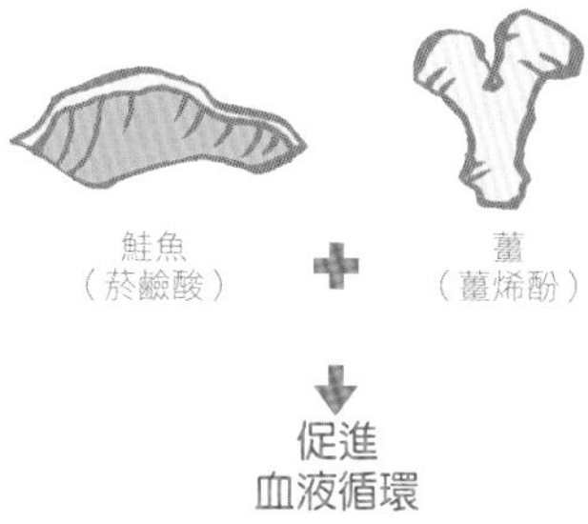

肝病

有時不只侷限在肝臟，其他臟器也可能有問題！

雖然統稱為肝病，其實其中還包含肝炎、肝硬化、肝衰竭、藥物造成的肝病及犬傳染性肝炎等疾病。

症狀

反覆地嘔吐或下痢、黑便、吐血、意識不清、口中散發阿摩尼亞臭味、腹部不想被碰觸、消瘦、黃疸等。

原因

可能的因素很多，包括病原體的感染、飲食或藥物造成肝臟損傷、過度肥胖導致脂肪堆積在肝臟、腫瘤，或者是撞擊等外在因素造成。

罹患肝病的狗狗應積極攝取的五大營養素

1 維生素 B_1

促進醣類代謝

含有的食材 ---- 小麥胚芽、豬肉、芝麻、糙米、燕麥、鱈魚、肝臟（牛肝、豬肝、雞肝）、黑麥麵包、菠菜

2 維生素 B_2

促進細胞再生

含有的食材 ---- 烤海苔、雞肝、豬肝、牛肝、乾香菇、納豆、鯖魚、雞蛋、柳葉魚、羊栖菜、鱈魚、豆腐渣

3 維生素 B_{12}

輔助葉酸、促進蛋白質合成

含有的食材 ---- 蜆、蛤蜊、秋刀魚、沙丁魚、鯖魚、柴魚片、肝臟（牛肝、豬肝、雞肝）、

4 維生素 C

強化免疫力

含有的食材 ---- 白蘿蔔、青花菜、花椰菜、南瓜、小松菜、番薯、青椒、洋香菜、番茄、甜椒、馬鈴薯、蓮藕、胡蘿蔔

5 維生素 E

提昇對感染症的抵抗力

含有的食材 ---- 核桃、植物油、大豆、味噌、松子、鰹魚、山茼蒿

吃肝補肝，強化肝功能

馬鈴薯燉雞肝

烹調重點

「使用含有維生素E的食材能夠達到解毒、利尿和消炎的功效，而方便烹調的雞肝非常適合用來強化肝臟功能。」

【材料】

- **雞肝** 含維生素A、B群的蛋白質來源。
- **牛奶** 含有甲硫胺酸，具有強肝作用。
- **馬鈴薯** 所含的維生素C即使加熱也不易被破壞，能讓胃腸的黏膜恢復正常。
- **小芋頭** 含有黏液素具有消化、解毒作用，能強化肝臟功能。
- **胡蘿蔔** 含有β-胡蘿蔔素和維生素C，能強化免疫力預防感染症。
- **水煮大豆** 可補充維生素E。
- **香菇** 低卡路里且富含纖維。
- **豌豆莢** 含有β-胡蘿蔔素和維生素C。

【作法】

1 將雞肝、馬鈴薯、小芋頭、胡蘿蔔、大豆、香菇、豌豆莢切成容易入口的大小，肝臟先用兩大匙的牛奶浸泡去除腥味。

2 鍋中放入雞肝和牛奶煮熟，接著放入豌豆莢以外的蔬菜並加水蓋過所有食材後燉煮。

3 待所有食材煮熟後再加入豌豆莢攪拌均勻即可。

1

2

3

● 第一類／穀類　● 第二類／肉、魚、蛋、乳製品類
● 第三類／蔬菜、海藻類　● α／油脂類　● α／調味類

利用蔬菜的利尿效果與膳食纖維清除代謝廢物

黃綠色蔬菜湯咖哩

烹調重點

「蔬菜應先用油炒過再燉煮，才能讓狗同時攝取到脂溶性和水溶性的維生素，肉類則應選用瘦肉部分並去掉脂肪。」

【材料】

- **雞肝（或牛肝）**
  含有維生素B_{12}，能促進蛋白質的合成。
- **牛後腿肉**
  含有維生素B_2的蛋白質來源，最好選用脂肪含量少的瘦肉部分。
- **糙米飯**
  有助於增強體力，含有豐富的礦物質。
- **菠菜**
  含β-胡蘿蔔素能去除活性氧，而豐富的維生素和礦物質則可以補充活力。

以解毒作用輔助肝臟功能

味噌風味鱈魚雜菜粥

【材料】

- **鱈魚**
  高蛋白質、低脂肪。
- **薏仁飯**
  有助於增強體力，還能促進肝臟功能正常化。
- **青花菜幼苗**
  具有解毒作用，強化肝臟功能。
- **牛蒡**
  豐富的膳食纖維有助於解毒和排出體內代謝廢物。
- **鴻喜菇**
  含有維生素D和鮮味成分麩醯胺酸。
- **蓮藕**
  含維生素C能強化免疫力，同時還含有具有消炎作用的單寧酸。
- **胡蘿蔔**
  含有β-胡蘿蔔素和維生素C，能強化免疫力預防感染症。
- **味噌**
  含有皂苷和酵素的發酵食品，具

在肝臟休息日減少飲食的分量

雞肉燴飯

烹調重點

「利用豆腐渣可在飲食減量的時候依舊讓狗狗獲得飽足感，使用大量的蜆仔高湯並加以勾芡，既美味又能增加鮮食分量。」

【材料】

- **雞里肌肉**
  高蛋白質低脂肪的蛋白質來源。
- **雜糧飯**
  含維生素、礦物質的能量來源。
- **豆腐渣**
  低熱量且含有豐富的膳食纖維。
- **甜椒**
  同時含有維生素C和維生素P，可以減少維生素C在加熱過程中的流失。
- **松子**
  可補充維生素E。
- **菠菜**
  含β-胡蘿蔔素能去除活性氧，而

●番茄
含有鉀能排出體內多餘鹽分。

●胡蘿蔔
含有β-胡蘿蔔素和維生素C，能強化免疫力預防感染症。

●南瓜
含β-胡蘿蔔素能強化免疫力。

●羊栖菜
可補充經常攝取不足的礦物質。

●**橄欖油**
能量來源。

●**薑黃**
強化肝臟功能。

【作法】

1 將雞肝、牛肉、菠菜、番茄、胡蘿蔔、南瓜、羊栖菜切成容易入口的大小，菠菜先用熱水川燙去除澀味。

2 鍋中倒入橄欖油加熱，放入**1**翻炒均勻後加水蓋過所有食材，再加入糙米飯和少量薑黃後將所有食材煮熟。

3 盛裝到容器中即可。

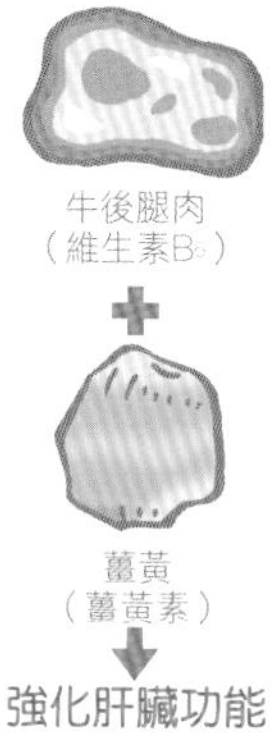

有解毒作用。

●**柴魚片**
具有能增加鮮食嗜口性的鮮味。

【作法】

1 將鱈魚、牛蒡、鴻喜菇、蓮藕、胡蘿蔔切成容易入口的大小。

2 鍋中放入**1**和薏仁飯並加水蓋過所有食材後進行燉煮（加入約一小匙的味噌）。

3 煮到蓮藕變軟後加入青花菜幼苗即可完成。

烹調重點

「高蛋白質低脂肪的鱈魚是一種不會增加肝臟負擔的食材，由於味道較為清淡，可利用高湯做為鮮食的湯汁。」

豐富的維生素和礦物質則可以補充活力。

●白蘿蔔
含有消化酵素澱粉酶。

●**蜆**
強化肝臟功能。

●**太白粉**
勾芡後能讓鮮食更方便食用。

【作法】

1 將蜆、甜椒、菠菜、白蘿蔔切成容易入口的大小。

2 鍋中放入蜆和可蓋過食材的水量後煮沸，熬煮出高湯後將蜆肉切碎備用。

3 在**2**中放入**1**、豆腐渣和雜糧飯，燉煮到食材變軟之後倒入太白粉水勾芡，最後再加入松子即可。

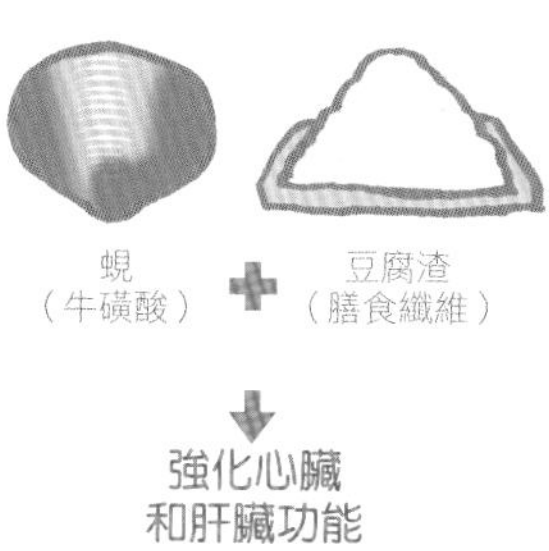

● 第一類／穀類　● 第二類／肉、魚、蛋、乳製品類
● 第三類／蔬菜、海藻類　● α／油脂類　● α／調味類

腎臟病

腎臟無法發揮正常功能的狀態即為腎衰竭

腎臟病除了腎臟本身的問題之外，也有可能是因為腎臟以外的部位患病而導致腎臟功能無法充分發揮。

症狀

主要的症狀為食慾減退、嘔吐、下痢、脫水、嚴重時引發尿毒症、病況惡化時甚至會出現痙攣等神經症狀。

原因

可能的病因很多，主要是病原體（細菌、病毒、寄生蟲等）感染所致。另外，也有可能是因為有毒物質造成腎絲球的基底膜發生異常。

罹患腎臟病的狗狗應積極攝取的五大營養素

1 EPA、DHA

維持免疫力，抑制發炎

含有的食材 ---- 沙丁魚、秋刀魚、竹莢魚、鰤魚、鯖魚、鮭魚、魩仔魚乾

2 蝦青素

抑制活性氧

含有的食材 ---- 鮭魚、櫻花蝦

3 維生素 C

提昇免疫力

含有的食材 ---- 白蘿蔔、青花菜、花椰菜、南瓜、小松菜、番薯、青椒、洋香菜、番茄、馬鈴薯

4 維生素 A、β-胡蘿蔔素

預防牙周病、強化黏膜

含有的食材 ---- 肝臟（牛肝、豬肝、雞肝）、蛋黃、菠菜、小松菜、胡蘿蔔、南瓜

5 植物性蛋白質

代替動物性蛋白質。必須限制蛋白質的攝取時，可以豆類為主要來源。

含有的食材 ---- 大豆、納豆、蠶豆、豆腐、豆漿、毛豆、紅豆

利尿效果讓代謝廢物和毒素排出體外

上湯炒飯

烹調重點

「利用魩仔魚乾煮出的高湯來增進狗狗食慾和提昇利尿效果，而攝取黃綠色蔬菜可有效強化狗狗的免疫力。」

【材料】

● **雞蛋**
含有均衡胺基酸的優質蛋白質來源。

● 白飯
能量來源。

● 番茄
富含鉀能將體內多餘的鈉排出。

● 菠菜
含有β-胡蘿蔔素能去除活性氧，豐富的維生素和礦物質可補充活力。

● 豆腐
植物性蛋白質來源。

● 冬瓜
富含鉀，具有利尿效果。

● **芝麻油**
能量來源。

● **魩仔魚乾、櫻花蝦**
補充鈣質，增加鮮食的嗜口性。

【作法】

1 將番茄、菠菜、豆腐、冬瓜切成容易入口的大小，雞蛋和白飯攪拌均匀備用。

2 以芝麻油熱鍋，放入雞蛋拌飯翻炒後盛裝在盤中備用。接著同一個鍋裡放入**1**的蔬菜、魩仔魚乾和櫻花蝦，加水蓋過所有食材後燉煮。

3 將蔬菜湯淋在蛋炒飯上即可。

限制蛋白質攝取量的時候
可用豆類代替

豆漿蠶豆雜菜湯

烹調重點

「攝取以豆類為主的植物性蛋白質。可加入少量的帕瑪森起司增加鮮食的風味。」

【材料】

● **雞絞肉**

富含維生素A，同時含有甲硫胺酸可防止脂肪蓄積在肝臟。

● **帕瑪森起司**

增加鮮食風味。

● **豆漿**

容易消化的植物性蛋白質。

● **馬鈴薯**

富含鉀能將體內多餘的鈉排出。

● **蠶豆**

富含鉀，具有利尿效果。

● **豌豆仁**

含有鉀可消除水腫。

● **南瓜**

含β-胡蘿蔔素能強化免疫力。

利用海藻類食物淨化血液

鮭魚海帶芽湯飯

【材料】

● **鮭魚**

含抗氧化物質蝦青素可防止活性氧作用。

● **雜糧飯**

含維生素、礦物質的能量來源。

● **小松菜**

富含β-胡蘿蔔素和維生素C，能強化抵抗力。

● **海帶芽**

海藻類能讓血液轉變成鹼性，具有血液淨化作用。

● **青海苔**

海藻類能讓血液轉變成鹼性，具有血液淨化作用。

● **毛豆**

富含鉀，具有利尿作用。

● **碎芝麻**

可補充維生素E。

● **芝麻油**

可補充維生素E。

● **昆布粉**

海藻類能讓血液轉變成鹼性，具有血液淨化作用。

用沙丁魚胜肽強化腎臟功能

沙丁魚雜菜粥

烹調重點

「使用富含膳食纖維的蔬菜能清腸並輔助腎臟功能，烹調時記得將蔬菜燉煮到軟爛才有助消化。」

【材料】

● **沙丁魚**

富含EPA、DHA的蛋白質來源。

● **糙米飯**

富含維生素B群的能量來源。

● **牛蒡**

富含膳食纖維，有助於將代謝廢物排出體外。

● **白蘿蔔**

含有消化酵素澱粉酶。

● **白菜**

含有維生素C，具有利尿作用，只要燉煮到變軟後就很容易消化的蔬菜。

● **羊栖菜**

補充容易攝取不足的礦物質。

胡蘿蔔

含有β-胡蘿蔔素和維生素C，能強化免疫力預防感染症。

魩仔魚乾

含有EPA、DHA。

櫻花蝦

含有蝦青素且能夠補充鈣質。

【作法】

1 將帕瑪森起司以外的食材以食物調理機打成泥狀。

2 將泥狀食材放入鍋裡一邊煮一邊攪拌以免底部燒焦。

3 待放涼到人類肌膚表面的溫度後盛裝到容器裡，上面灑上帕瑪森起司即可。

【作法】

1 將鮭魚、小松菜、海帶芽、毛豆切成容易入口的大小。

2 鍋中加入鮭魚、雜糧飯和昆布粉，加入蓋過所有食材的水後將食材煮熟。

3 接著加入小松菜、海帶芽、毛豆，全部攪拌均勻並煮熟後，盛裝到容器中，最後灑上青海苔、芝麻油和碎芝麻即可。

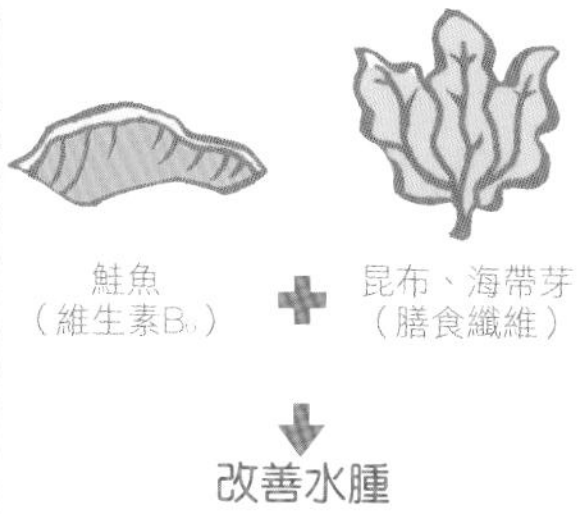

烹調重點

「維生素E具有清血作用，搭配海藻類食物能提昇血液淨化的效果。」

胡蘿蔔

含有β-胡蘿蔔素和維生素C，能強化免疫力預防感染症。

水煮紅豆

含有皂苷，具有利尿效果能夠消除水腫。

櫻花蝦

含有蝦青素且能夠補充鈣質。

【作法】

1 將沙丁魚、牛蒡、白蘿蔔、白菜、羊栖菜、胡蘿蔔切成容易入口的大小。

2 在鍋中放入沙丁魚，將魚肉炒熟撥鬆。

3 接著放入所有食材並加水蓋過食材表面後進行燉煮。

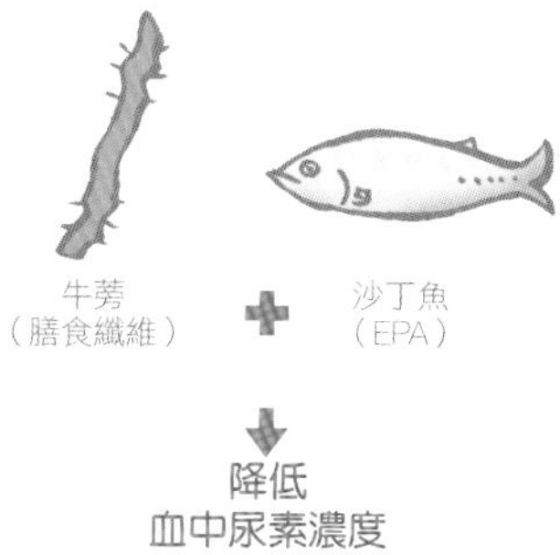

肥胖

愛犬的肥胖其實是飼主造成的生活習慣病

狗狗想吃什麼就給牠吃什麼並非愛狗的行為，只是飼主的自我滿足而已。狗狗在過了一歲以後一天餵一餐就已經足夠。

症狀

請檢查下列三點：(1)能摸到狗狗脊椎的突起嗎？(2)撫摸狗狗側腹時能摸到肋骨嗎？(3)能看到狗狗的腰身嗎？如果前述三點有一點答案是否定的，就必須解決狗狗肥胖的問題。

原因

原因很簡單，就是狗狗攝取到的熱量大於牠所消耗的熱量。其中有可能是因為遺傳因素，或是受到年齡或結紮手術的影響，此外還有運動不足、飲食或零食過量等原因。

肥胖狗狗應積極攝取的五大營養素

1 維生素 B_1

促進醣類代謝

含有的食材 ---- 豬肉、大豆、胚芽米、糙米、小魚乾、炸豆皮、豆腐渣

2 維生素 B_2

促進脂質代謝

含有的食材 ---- 乳製品、豬肝、牛肝、沙丁魚、鮭魚、黃綠色蔬菜、豆類、蛋黃、小魚乾

3 離胺酸、甲硫胺酸

藉由合成肉鹼加強脂肪燃燒效果

含有的食材 ---- 雞蛋、雞肉（里肌肉、雞胸肉）、優格、納豆、豬後腿肉、牛後腿肉、鮪魚、竹莢魚

4 膳食纖維

將體內多餘的脂肪、醣類排出，能增加飽足感

含有的食材 ---- 牛蒡、高麗菜、豆腐渣、羊栖菜、青花菜、鳳梨、乾蘿蔔絲

5 亞麻油酸

降低血中膽固醇濃度

含有的食材 ---- 植物油

左旋肉鹼（L-Carnitine）幫助燃燒體脂肪

牛肉牛蒡蕎麥麵

烹調重點

「使用富含維生素B_1的小魚乾高湯，事先將小魚乾磨成粉末會更方便使用。而為了燃燒體脂肪，運動也是非常重要的環節。」

【材料】

● **牛後腿肉**
含有左旋肉鹼，可幫助燃燒脂肪的蛋白質來源。

● **蕎麥麵**
含蕎麥蛋白具有防止體脂肪蓄積的功效。

● **牛蒡**
富含膳食纖維，有助於將代謝廢物排出體外。

● **胡蘿蔔**
含有β-胡蘿蔔素和維生素C，能強化免疫力預防感染症。

● **海帶芽**
補充容易攝取不足的礦物質。

● **豆芽菜**
富含水分和膳食纖維，能增加鮮食分量。

● **芝麻油**
能量來源。

● **小魚乾**
含有鈣質，能增加鮮食的嗜口性。

1

【作法】

1 先將牛肉、牛蒡、胡蘿蔔、海帶芽、豆芽菜、小魚乾切成容易入口的大小。

2 鍋中倒入芝麻油加熱，將牛肉、牛蒡、胡蘿蔔翻炒均勻後，接著放入海帶芽、豆芽菜、小魚乾，加水蓋過所有食材後煮沸。

3 煮沸後加入切成適當長短的蕎麥麵，燉煮到所有食材變軟即可。

2

3

檸檬酸有助於分解體脂肪

夏威夷炒飯

烹調重點

「可選用鳳梨、柳橙、葡萄柚等含有檸檬酸的柑橘類水果，也可直接以檸檬汁或醋代替更為方便。」

【材料】

豬後腿肉
富含維生素B群，可促進代謝的蛋白質來源。

糙米飯
富含礦物質的能量來源。

鳳梨
富含檸檬酸和膳食纖維。

甜椒
同時含有維生素C和維生素P，可以減少維生素C在加熱過程中的流失。

蘆筍
含有豐富的維生素，天門冬胺酸有滋養強身的效果。

利用膳食纖維消除便祕，清空腸胃

羊栖菜拌飯

【材料】

竹莢魚
含有維生素B_2的蛋白質來源。

糙米飯
能量來源。

羊栖菜
補充容易攝取不足的礦物質。

胡蘿蔔
含有β-胡蘿蔔素和維生素C，能強化免疫力預防感染症。

炸豆皮
含有維生素B_1。

蒟蒻絲
低熱量並具有清腸的功效。

乾蘿蔔絲
含膳食纖維、維生素和礦物質。

香菇
低熱量且富含膳食纖維。

蘿蔔嬰
含有幫助消化的澱粉酶。

芝麻油
含有亞麻油酸的能量來源。

運用低熱量食材提供狗狗飽足感

豆腐渣雜菜粥

烹調重點

「由於豆腐渣能吸收味道，與雞肉一起翻炒還可以讓美味更加濃縮，而且還可增加飽足感，非常適合讓減重中的狗狗食用。」

【材料】

雞胸肉
雞胸肉去皮後可減少熱量，是富含必需胺基酸的蛋白質來源。

雞蛋
富含均衡胺基酸的優質蛋白質來源。

雜糧飯
富含礦物質的能量來源。

豆腐渣
富含膳食纖維且熱量低。

香菇
低熱量且富含膳食纖維。

小松菜
含有β-胡蘿蔔素和維生素C，能強化抵抗力。

● 茼苣
含有維生素U能保護胃腸黏膜。

● 洋香菜
富含β-胡蘿蔔素

● 杏仁片
可補充維生素E。

● **橄欖油**
能量來源。

【作法】

1 將豬肉、鳳梨、甜椒、蘆筍、茼苣切成容易入口的大小，洋香菜切碎。

2 在鍋中倒入橄欖油加熱，放入豬肉和鳳梨翻炒。

3 待豬肉炒熟後將其他食材全部放入，翻炒至全部食材炒熟為止。

豬肉（維生素B2）

鳳梨（檸檬酸）

促進脂質代謝

【作法】

1 將竹莢魚、羊栖菜、胡蘿蔔、炸豆皮、蒟蒻絲、乾蘿蔔絲、香菇切成容易入口的大小。

2 鍋中放入洗好的糙米一杯並加入平時煮飯的水量，再放入**1**之食材與芝麻油一同炊煮。

3 將飯放涼到人類肌膚表面的溫度後加入蘿蔔嬰攪拌均勻，盛裝至容器中即可。

羊栖菜（鎂）

炸豆皮、糙米（維生素B1）

促進醣類代謝

烹調重點

「低熱量的蒟蒻可增加飽足感，蘿蔔嬰與白蘿蔔一樣含有能幫助消化的澱粉酶，具有整腸健胃的功效。」

● 胡蘿蔔
含有β-胡蘿蔔素和維生素C，能強化免疫力預防感染症。

● **芝麻油**
能量來源。

【作法】

1 將雞胸肉、香菇、小松菜、胡蘿蔔切成容易入口的大小。

2 以芝麻油熱鍋後，放入雞肉和豆腐渣翻炒均勻，接著加入香菇、小松菜、胡蘿蔔與雜糧飯，再加水蓋過所有食材後煮沸。

3 煮沸後倒入蛋汁並將所有食材煮熟即可。

芝麻油（油脂）

豆腐渣（膳食纖維）

消除便祕

● 第一類／穀類　● 第二類／肉、魚、蛋、乳製品類
● 第三類／蔬菜、海藻類　● α／油脂類　● α／調味類

狗狗走路姿勢不自然時，有可能患有關節炎

關節炎

關節炎可能與先天性的關節疾病、激烈的運動、肥胖或老化等多種原因有關，飼主平時應仔細觀察狗狗的走路方式。

症狀

狗狗出現步行異常的情況（步伐變慢、無法上下樓梯、跛腳等），或是碰觸四肢會有疼痛的反應出現。

原因

髖關節發育不全等疾病可能導致關節發炎，嚴重時甚至會導致骨骼變形。此外，膝蓋前十字韌帶斷裂或風濕性關節炎也是可能的病因。

關節炎狗狗應積極攝取的五大營養素

1 蛋白質

增強肌力

含有的食材 ---- 雞蛋、牛肉（牛腱、牛筋）、雞翅、鰹魚、鮪魚、沙丁魚、鮭魚、櫻花蝦、雞軟骨

2 軟骨素

輔助關節功能

含有的食材 ---- 比目魚、雞皮、雞或豬的軟骨、海藻類、納豆、海苔

3 葡萄糖胺

修復軟骨

含有的食材 ---- 牡蠣、納豆、山藥、海帶根、櫻花蝦

4 鈣

形成骨骼

含有的食材 ---- 魩仔魚乾、櫻花蝦、大豆、海藻類

5 維生素C

生成膠原蛋白，強化骨骼和肌肉

含有的食材 ---- 白蘿蔔、青花菜、花椰菜、南瓜、小松菜、番薯、青椒、洋香菜、甜椒

蔬菜烏龍麵

預防肥胖，減輕關節的負擔

烹調重點

「先使用牛筋熬煮高湯後，再加入蔬菜增加鮮食分量，加入大量蔬菜時記得要先切碎才更好消化。」

【材料】

● **牛筋**
含有膠原蛋白的蛋白質來源。

● **熟烏龍麵**
醣類少的能量來源。

● **豆芽菜**
富含水分和膳食纖維，能增加飽足感。

● **胡蘿蔔**
含有β-胡蘿蔔素和維生素C，能強化免疫力預防感染症。

● **青椒**
同時含有維生素C和維生素P，可減少維生素C在加熱過程中的流失。

● **香菇**
低熱量且富含膳食纖維。

● **高麗菜**
含有維生素U，能保護胃腸黏膜。

● **碎海苔**
含有軟骨素有助關節健康。

● **櫻花蝦**
增加鮮食風味。

【作法】

1 先將牛筋、豆芽菜、胡蘿蔔、青椒、香菇、高麗菜、烏龍麵切成容易入口的大小。

2 接著在鍋中加入牛筋、櫻花蝦和水300cc熬煮高湯，一邊煮一邊將浮沫撈掉，煮到牛筋熟透為止。

3 將烏龍麵和蔬菜加入高湯內，燉煮到蔬菜變得軟爛為止，最後再加入碎海苔即可。

1

2

3

● 第一類／穀類　● 第二類／肉、魚、蛋、乳製品類
● 第三類／蔬菜、海藻類　● α／油脂類　● α／調味類

運用蛋白質與黏滑食物增加肌力

納豆炒飯

烹調重點

「山藥所含的酵素不耐高溫，和秋葵一樣可直接生食。如果狗狗不喜歡納豆黏滑的口感，可將納豆與其他食材一起翻炒，但若喜歡吃納豆的話，可將生納豆直接鋪在鮮食上。」

【材料】

- **鮭魚** 含有DHA、EPA的蛋白質來源。
- **薏仁飯** 有助於增強體力的能量來源。
- **納豆** 含有軟骨素與葡萄糖胺的植物性蛋白質。
- **羊栖菜** 補充容易攝取不足的礦物質。
- **青花菜** 含有豐富的維生素C。
- **山藥** 黏滑成分中含有葡萄糖胺。

軟骨素和葡萄糖胺能強化關節功能

雞軟骨雜菜粥

【材料】

- **雞軟骨** 含有軟骨素和葡萄糖胺的蛋白質來源。
- **白飯** 能量來源。
- **海帶芽（海帶根）** 補充容易攝取不足的礦物質。
- **滑菇** 含有幫助蛋白質吸收的黏液素。
- **南瓜** 含β-胡蘿蔔素，強化免疫力。
- **蕪菁** 含有消化酵素澱粉酶。
- **胡蘿蔔** 含有β-胡蘿蔔素和維生素C，能強化免疫力預防感染症。
- **櫻花蝦** 增加鮮食風味。

利用抗氧化物質抑制發炎

馬賽魚湯燉飯

烹調重點

「由於有很多種水果和蔬菜都含有豐富的抗氧化物質，可選用種類豐富的當季蔬果一同搭配使用。」

【材料】

- **鰹魚** 能增強肌力的蛋白質來源。
- **糙米飯** 富含礦物質的能量來源。
- **番茄** 含有抗氧化物質番茄紅素。
- **山茼蒿** 含有維生素E，澀味較少是方便烹調的食材。
- **甜椒** 同時含有維生素C和維生素P，可以減少維生素C在加熱過程中的流失。
- **高麗菜** 含維生素U，能保護胃腸黏膜。

●秋葵
含有幫助蛋白質吸收的黏液素。

●芝麻油
能量來源。

【作法】

1 將鮭魚、羊栖菜、青花菜、秋葵切成容易入口的大小，山藥磨成泥備用。

2 以芝麻油熱鍋，加入鮭魚和納豆翻炒，待鮭魚炒熟後再加入薏仁飯、羊栖菜和青花菜一起炒熟。

3 將**2**放涼到人類肌膚表面溫度後盛裝到容器中，再放上山藥泥和秋葵即可。

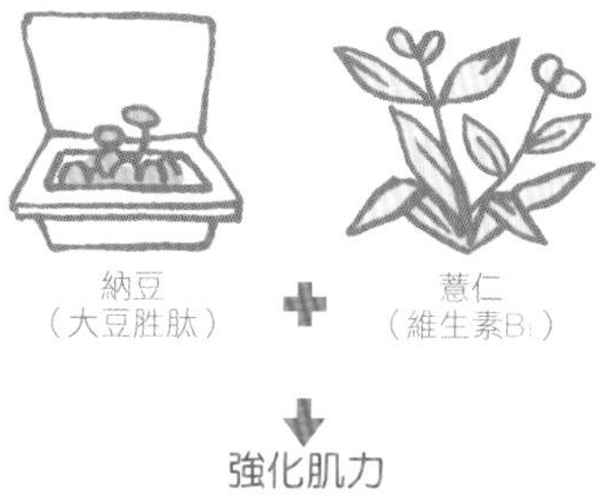

【作法】

1 將南瓜、蕪菁、胡蘿蔔切成容易入口的大小。

2 鍋中加入雞軟骨與櫻花蝦一同翻炒，接著放入白飯、南瓜、蕪菁和胡蘿蔔，並加水蓋過所有食材後煮熟。

3 最後放入切碎的海帶芽和滑菇再稍加煮沸即可。

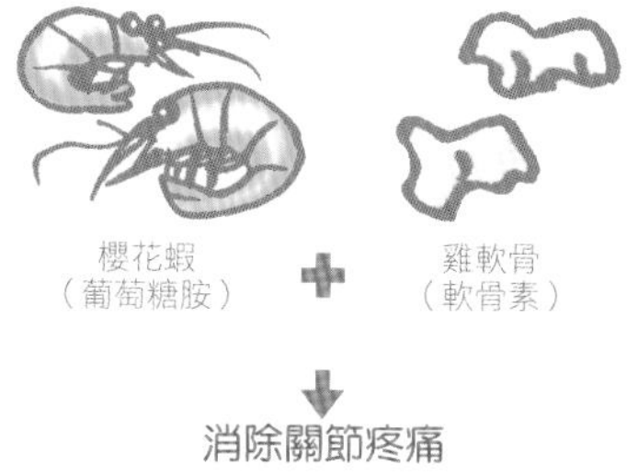

烹調重點

「如果擔心小型犬會整塊吞下的話，可將雞軟骨切成碎塊後使用。」

●番紅花
具有鎮痛效果。

●水雲藻
海藻中含有軟骨素和葡萄糖胺。

●櫻花蝦
增加鮮食風味還能補充鈣質。

【作法】

1 先將鰹魚、番茄、山茼蒿、甜椒、高麗菜切成容易入口的大小。

2 在鍋中放入山茼蒿以外的所有食材，加水蓋過食材後一同燉煮。

3 待全部食材煮熟後再加入山茼蒿攪拌均勻即可。

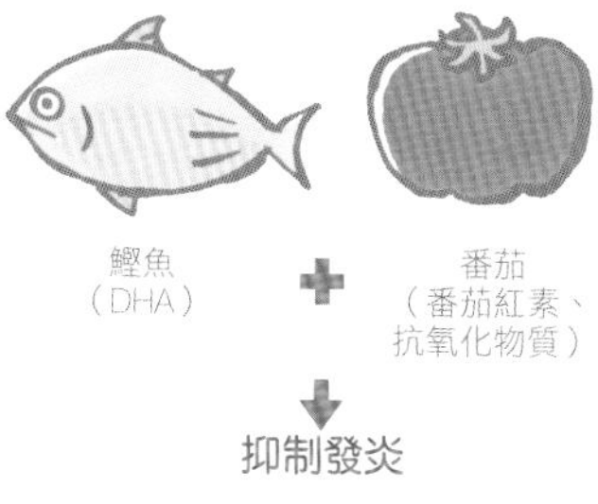

糖尿病

頻繁喝水上廁所且食量增加卻沒變胖

胰島素作用於狗狗體內的所有細胞，讓細胞能夠吸收糖分，同時還輔助肝臟貯存脂肪或蛋白質。

症狀

飲水量增加、排尿量和排尿次數增加、食慾增加但不論吃再多體重卻依舊逐漸變輕。

原因

糖尿病可以分成兩種，第一種為胰島素依賴型，是因為胰臟無法正常分泌胰島素所造成。第二種則是雖然有分泌胰島素，但無法發揮正常功效的非胰島素依賴型。

糖尿病狗狗應積極攝取的五大營養素

1 硒

保護身體不受活性氧的氧化作用所侵害

含有的食材 ---- 沙丁魚、青花菜、牛後腿肉、雞蛋、雞肉、竹莢魚、鰈魚

2 鋅

生成細胞、預防感染症

含有的食材 ---- 牡蠣、牛後腿肉、芝麻、牛肝、豬肝、大豆、毛豆、蛤蜊、小魚乾

3 維生素 B_1

促進醣類代謝

含有的食材 ---- 豬肉、大豆、胚芽米、糙米、毛豆、胡蘿蔔、菇類、鰈魚、小魚乾

4 維生素 C

增加免疫力

含有的食材 ---- 白蘿蔔、青花菜、花椰菜、南瓜、小松菜、番薯、青椒、洋香菜、白菜

5 維生素 A、β-胡蘿蔔素

預防感染症

含有的食材 ---- 肝臟（牛肝、豬肝、雞肝）、蛋黃、菠菜、小松菜、胡蘿蔔、南瓜、山茼蒿

抑制血糖值上升

沖繩炒苦瓜

烹調重點

「使用能降低血糖值的蔬菜和富含膳食纖維且低熱量的豆腐渣。減少白飯量！為了避免血糖值上升，一定要控制狗狗的食量不要過食。」

【材料】

●**豬後腿肉**
富含維生素B群的蛋白質來源，選用脂肪少的瘦肉部分。

●**雞蛋**
含均衡胺基酸的優質蛋白質來源。

●小米飯
（將10%的白米換成小米一同炊煮）
含有礦物質和維生素的能量來源，有助於胰臟發揮功能。

●豆腐渣
富含膳食纖維，可增加飽足感。

●胡蘿蔔
含有豐富的β-胡蘿蔔素，能預防感染症和降低血糖值。

●菠菜
含有豐富的維生素和礦物質可補充活力，同時還能降低血糖值。

●苦瓜
含有維生素C與多胜肽-P，具有降低血糖值的作用。

●青椒
同時含有維生素C和維生素P，可減少維生素C在加熱過程中的流失。

●碎芝麻
能補充鋅和維生素E。

●**芝麻油**
能量來源。

【作法】

1 將豬肉、胡蘿蔔、菠菜、苦瓜、青椒切成容易入口的大小，菠菜川燙去除澀味。

2 以芝麻油熱鍋，放入雞蛋炒熟，接著加入豬肉、豆腐渣和小米飯一同翻炒。

3 再放入胡蘿蔔、菠菜、苦瓜、青椒和碎芝麻，加水100cc後將所有食材炒熟。

1

2

利尿作用將體內代謝廢物排出

羊栖菜雜菜煮

烹調重點

「利用富含膳食纖維的番薯來代替白飯，憑藉著豐富的膳食纖維將體內蓄積的毒素排出。番薯和南瓜經過加熱後會變得更甘甜。」

【材料】

雞絞肉
低脂健康的蛋白質來源，含有均衡的必需胺基酸，最好選用雞胸肉做成的絞肉。

番薯
富含膳食纖維，香甜的味道深受狗狗喜愛。

南瓜
含維生素B_1能促進醣類的代謝，香甜的味道深受狗狗喜愛。

水煮紅豆
含有皂苷，具有利尿作用。

禁止飲食過量！消除肥胖

山藥泥麥飯

【材料】

竹莢魚
含有ＤＨＡ、ＥＰＡ的蛋白質來源。

蛤蜊
具有解毒作用。

麥飯
富含不溶性膳食纖維的能量來源。

山藥
黏滑成分能保護胃腸黏膜，具有降低血糖的功效。

鴻喜菇
富含膳食纖維的低熱量食材。

白菜
含有維生素Ｃ，具利尿作用，煮軟之後很容易消化的蔬菜。

海帶芽
可補充經常攝取不足的礦物質，含有水溶性膳食纖維。

胡蘿蔔
含有豐富的β-胡蘿蔔素，能預防感染症和降低血糖值。

輔助與糖尿病息息相關的醣類代謝功能

水雲藻蕎麥麵

烹調重點

「使用含有維生素B_1與菸鹼酸能幫助醣類代謝的鰈魚，搭配適合糖尿病病患食用的蕎麥麵做為能量來源。記得要將蕎麥麵切成一段一段的才能方便狗狗進食。」

【材料】

鰈魚
高蛋白質、低脂肪。

蕎麥麵
促進胰島素分泌。

山茼蒿
含β-胡蘿蔔素能預防感染症。

香菇
低熱量且含有維生素Ｂ群。

牛蒡
富含膳食纖維。

南瓜
富含維生素B_1能幫助醣類代謝，同時還能促進胰島素分泌。

●毛豆
含有皂苷，具有利尿作用，且含有植物性蛋白質。

●金針菇
能幫助醣類分解的低熱量食材。

●羊栖菜
能補充容易攝取不足的礦物質。

●昆布粉
能補充容易攝取不足的礦物質。

【作法】

1 將番薯、南瓜、水煮紅豆、毛豆、金針菇、羊栖菜切成容易入口的大小。

2 鍋裡放入雞絞肉炒熟。

3 將所有食材放入鍋中並加水蓋過食材表面，煮到番薯和南瓜變軟為止。

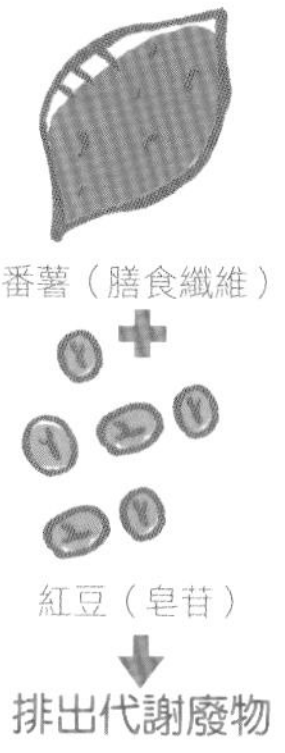

●小黃瓜
富含水分和鉀，具有利尿作用。

【作法】

1 竹莢魚、鴻喜菇、白菜、海帶芽、胡蘿蔔切成容易入口的大小，黃瓜和山藥則磨成泥。

2 在鍋裡放入蛤蜊和蓋過蛤蜊的水，煮出高湯後將蛤蜊肉切碎，接著放入竹莢魚、鴻喜菇、白菜、海帶芽、胡蘿蔔和麥飯加以燉煮。

3 將**2**盛裝到容器裡，再放上山藥泥和黃瓜泥即可。

烹調重點

「含大量水分及少量白飯的低熱量鮮食能讓狗狗有飽足感。水溶性膳食纖維可幫助代謝廢物排出體外，不溶性膳食纖維則可增加飽腹感。」

●水雲藻
除了含有維生素和礦物質之外，還含有胺基酸的低熱量食材。

●小魚乾
含有鈣質，可增加鮮食的風味。

【作法】

1 先將鰈魚、山茼蒿、香菇、牛蒡、南瓜、水雲藻切成容易入口的大小，小魚乾磨成粉末。

2 接著在鍋裡放入鰈魚、香菇、牛蒡、南瓜和小魚乾，加水蓋過所有食材後煮沸。

3 煮沸後加入切成適當長短的蕎麥麵，繼續燉煮到所有食材變軟為止，最後再加入山茼蒿和水雲藻攪拌均勻即可。

●第一類／穀類　●第二類／肉、魚、蛋、乳製品類
●第三類／蔬菜、海藻類　●α／油脂類　●α／調味類

心臟病

咳嗽、討厭運動、昏迷是心臟病的三大症狀

症狀

咳嗽、容易疲倦、討厭運動、昏迷倒下、呼吸困難、腹部漸漸膨脹、有食慾卻逐漸消瘦、發紺（氧氣不足造成口腔黏膜呈現紫色）。

原因

雖然有人認為，可能是因為牙周病的病菌從牙齦入侵血液後抵達心臟而導致心臟病的發生，但實際上尚未確定真正的病因。

心臟病狗狗應積極攝取的五大營養素

1 EPA、DHA

幫助血液循環、維持血管健康、降低血壓

含有的食材 ---- 鰤魚、秋刀魚、沙丁魚、小魚乾、鱈魚、鮭魚、鯖魚、竹筴魚

2 維生素E

預防動脈硬化

含有的食材 ---- 核桃、植物油、大豆、鰹魚、山茼蒿

3 輔酶 Q_{10}

預防牙周病，強化心臟功能

含有的食材 ---- 豬肝、青花菜、花椰菜、鰹魚、鮪魚、牛豬內臟、柴魚片、沙丁魚、核桃、菠菜

4 維生素C

強化免疫力、強化血管壁

含有的食材 ---- 白蘿蔔、青花菜、花椰菜、南瓜、小松菜、番薯、青椒、洋香菜、胡蘿蔔、甜椒、芹菜、番茄

5 膳食纖維

將血液中多餘的脂肪排出

含有的食材 ---- 牛蒡、高麗菜、豆腐渣、羊栖菜、青花菜、燕麥、萵苣

雖然一般認為患有心臟病的狗狗必須嚴格控制鹽分的攝取，但比起這一點其實讓狗狗能攝取到各種不同的食材更為重要。

利尿作用將體內多餘的水分排出

和風納豆雜菜粥

烹調重點

「對於無法進行激烈運動的狗狗來說，最適合低熱量且有飽足感的飲食。添加含有鉀可利尿的蔬菜在含有大量水分的雜菜粥裡，能夠減輕心臟的負擔。」

【材料】

● **雞胸肉**
富含胺基酸的蛋白質來源，選用去皮的雞胸肉更健康。

● 薏仁飯
有助於增強體力的能量來源，具有利尿作用。

● 納豆
增強體力，納豆菌中充滿有益健康的酵素，同時還具有利尿作用。

● 青紫蘇
富含β-胡蘿蔔素，同時還有增加食慾的效果。

● 牛蒡
富含膳食纖維，有助於將體內多餘的代謝廢物排出。

● 花椰菜
含有輔酶Q_{10}，可強化心臟功能。

● 胡蘿蔔
含有豐富的β-胡蘿蔔素，維生素C能夠強化免疫力。

● **芝麻油**
能量來源。

● **小魚乾**
可補充經常攝取不足的礦物質，含有EPA、DHA。

【作法】

1 將雞肉、青紫蘇、牛蒡、花椰菜、胡蘿蔔切成容易入口的大小。

2 在鍋裡放入雞肉、牛蒡、胡蘿蔔和花椰菜一同翻炒，接著放入薏仁飯、小魚乾並加水蓋過所有食材後，煮到水分變少為止。

3 將**2**盛裝到容器裡，放上納豆、青紫蘇後，再淋上一茶匙的芝麻油即可完成。

1

2

3

促進血液循環，減輕心臟負擔

鱈魚奶油番茄燉飯

烹調重點

「使用具有促進血液循環效用的食材，可以讓血液的流動更為順暢。含有EPA、DHA的魚類搭配含有維生素E的食材或植物油，效果會更好。」

【材料】

- **鱈魚**
  低脂肪、低熱量且具有促進血液循環的功效。
- **糙米飯**
  含有維生素E的能量來源，具有促進血液循環的功效。
- **甜椒**
  同時含有維生素C和維生素P，可以減少維生素C在加熱過程中的流失。
- **番茄**
  含有抗氧化物質番茄紅素，同時還含有能強化微血管的芸香素。
- **青花菜**
  富含維生素C，能強化免疫力。

防止萬病之源——肥胖

鮭魚燕麥粥

【材料】

- **鮭魚**
  容易消化吸收且深受狗狗喜愛的蛋白質來源。
- **燕麥**
  富含膳食纖維的能量來源，要燉煮到軟再餵給狗狗吃。
- **菠菜**
  含有輔酶Q_{10}的蔬菜。
- **玉米**
  表皮富含膳食纖維的能量來源。
- **香菇**
  低熱量且含有維生素B群能促進脂質與醣類的代謝。
- **芹菜**
  含有膳食纖維和維生素C，能降低膽固醇濃度。
- **豆腐**
  增加鮮食分量。
- **胡蘿蔔**
  含有豐富的β-胡蘿蔔素，維生素C能夠強化免疫力。

降低血中膽固醇濃度，讓血流更順暢

沙丁魚生菜拌飯

烹調重點

「建議使用能降低血中膽固醇濃度的青魚類，搭配蔬菜所含的膳食纖維，將膽固醇吸附後排出體外。」

【材料】

- **沙丁魚**
  富含EPA、DHA的蛋白質來源。
- **雜糧飯**
  含維生素、礦物質的能量來源。
- **薑**
  具有解毒作用且能增加食慾。
- **萵苣**
  含維生素U，能保護胃腸黏膜。
- **番茄**
  含有抗氧化物質番茄紅素。
- **小黃瓜**
  含有大量水分，具有利尿作用。
- **秋葵**
  含有幫助蛋白質吸收的黏液素。

●高麗菜
含維生素U，能保護胃腸黏膜。

●薑
可溫暖身體，具有解毒和降低膽固醇的效用，還可促進血液循環。

●豆漿
容易吸收的植物性蛋白質。

●橄欖油
能量來源。

【作法】

1 先將鱈魚、甜椒、青花菜、番茄、高麗菜切成容易入口的大小，薑磨成泥。

2 接著在鍋中倒入橄欖油加熱，放入薑和鱈魚一同翻炒。並加入糙米飯、甜椒、番茄、高麗菜和豆漿稍加煮沸後，再加水蓋過所有食材燉煮。

3 燉煮到食材變軟之後，再放入青花菜煮熟即可。

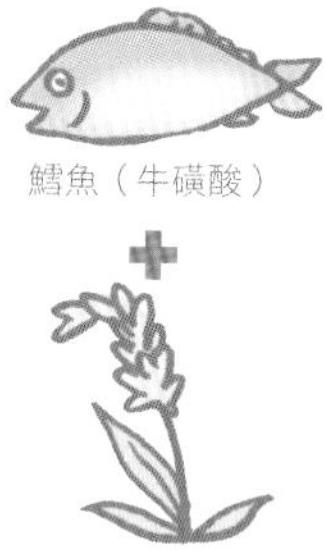

●醋
含有檸檬酸。

【作法】

1 鮭魚、菠菜、香菇、芹菜、胡蘿蔔切成容易入口的大小，豆腐和玉米用食物調理機打成泥狀。

2 鍋中放入鮭魚、燕麥、香菇、芹菜和胡蘿蔔，加水蓋過所有食材後煮沸。

3 煮沸後加入打成泥狀的玉米和豆腐，將所有食材煮熟。最後加入菠菜並滴上幾滴醋後煮沸即完成。

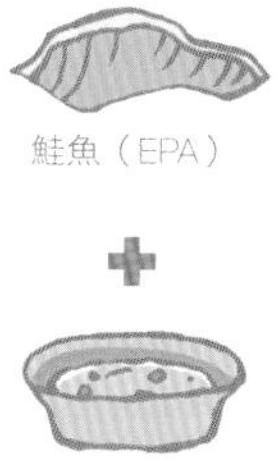

烹調重點

「富含膳食纖維的菇類和蔬菜能將腸胃清得乾乾淨淨，搭配含有膳食纖維且能提供能量的燕麥和玉米一起使用。」

●核桃
可補充維生素E。

【作法】

1 將沙丁魚、萵苣、番茄、小黃瓜、秋葵、核桃切成容易入口的大小，薑磨成泥。

2 將沙丁魚和薑混合均勻，放入鍋中將魚肉炒熟撥散。

3 在剛煮好的雜糧飯上放上沙丁魚和切好的蔬菜，攪拌均勻即可。

● 第一類／穀類　● 第二類／肉、魚、蛋、乳製品類
● 第三類／蔬菜、海藻類　● α／油脂類　● α／調味類

白內障

當狗狗的瞳孔深處開始逐漸變白後就必須多加注意

白內障是眼睛內的水晶體部分或全體變白混濁的現象，嚴重的話甚至可能失明，因此早期發現、早期治療非常重要。

症狀

由於水晶體變白混濁導致視力變差，狗狗會出現步伐不穩、走路有時會撞到家具等現象。症狀一旦惡化，有時還會造成水晶體破裂。

原因

白內障可分為三種，分別為遺傳上畸形所造成的先天性白內障、受到生活環境強烈影響的幼年性白內障、以及隨著年齡老化而造成的老年性白內障。其他像是糖尿病、外傷或中毒也有可能造成。

白內障狗狗應積極攝取的五大營養素

1 維生素 C
去除活性氧

含有的食材 ---- **白蘿蔔、青花菜、花椰菜、南瓜、小松菜、番薯、青椒、洋香菜、蕪菁**

2 維生素 E
抗氧化作用、防止老化

含有的食材 ---- **核桃、植物油、大豆、鰹魚、山茼蒿、芝麻**

3 蝦青素
改善眼科疾病

含有的食材 ---- **鮭魚、櫻花蝦、鮭魚卵**

4 DHA
抑制發炎、維持免疫力

含有的食材 ---- **沙丁魚、鯖魚、竹莢魚、鮪魚、鰤魚、鮭魚、櫻花蝦、秋刀魚**

5 維生素 A、β-胡蘿蔔素
維持眼睛健康

含有的食材 ---- **肝臟（牛肝、豬肝、雞肝）、蛋黃、菠菜、小松菜、胡蘿蔔、南瓜**

雞肉雜菜湯飯

維持眼睛健康的關鍵就是維生素A

烹調重點

「維生素A可說是眼睛的維生素，由於屬於脂溶性維生素，因此最好和植物油一起攝取。只需將動物性蛋白質和黃綠色蔬菜加以搭配組合，就能夠攝取到維生素A。」

【材料】

●**雞里肌肉**
含有維生素A的蛋白質來源。

●**白飯**
能量來源。

●**胡蘿蔔**
含有β-胡蘿蔔素和維生素C，能提高免疫力預防感染症。

●**青江菜**
含有β-胡蘿蔔素，用油炒過會更好吸收。

●**蘆筍**
含有β-胡蘿蔔素和維生素C，葉酸能讓細胞正常生成。

●**蕪菁**
含有豐富的維生素C和消化酵素澱粉酶。

●**芝麻油**
能量來源。

●**味噌**
發酵食品，含有異黃酮。

●**櫻花蝦**
富含鈣質和蝦青素。

【作法】

1 將雞肉、胡蘿蔔、青江菜、蘆筍切成容易入口的大小，蕪菁磨成泥。

2 鍋中倒入芝麻油加熱，放入雞肉、櫻花蝦和胡蘿蔔一同翻炒。接著加入蘆筍、青江菜和白飯，加水蓋過所有食材後燉煮到食材變軟為止。

3 待所有食材煮熟後，加入磨成泥的蕪菁攪拌均勻即可。

利用抗氧化物質去除體內的活性氧

豆漿糙米雜菜粥

烹調重點

「選用含有維生素C、E和β-胡蘿蔔素等抗氧化物質的食材。為了能有效攝取到脂溶性維生素和水溶性維生素，可將食材搭配植物油一同翻炒後再行烹煮。」

【材料】

- **雞蛋**
  所含的錳具有抗氧化功能。
- **帕瑪森起司**
  補充鈣質，增加鮮食風味。
- **糙米飯**
  所含的硒具有抗氧化作用。
- **豆漿**
  容易吸收的植物性蛋白質，含有異黃酮。
- **南瓜**
  含β-胡蘿蔔素能強化免疫力。
- **青花菜**
  富含維生素C。

攝取眼睛所需的維生素C

鮭魚菠菜義大利湯麵

【材料】

- **鮭魚**
  所含的蝦青素具有抗氧化作用。
- **通心粉**
  能量來源。
- **花椰菜**
  含有豐富的維生素C。
- **甜椒**
  同時含有維生素C和維生素P，可以減少維生素C在加熱過程中的流失。
- **洋香菜**
  含有β-胡蘿蔔素和維生素C。
- **菠菜**
  含有維生素C，豐富的維生素與礦物質讓狗狗更有活力，同時還具有去除活性氧的功效。
- **玉米**
  含有膳食纖維的能量來源。
- **橄欖油**
  能量來源。

促進血液循環、防止老化

竹莢魚茼蒿炒飯

烹調重點

「為了防止老化，使用含有DHA的青魚類。維生素A、C、E能強化血管、抗氧化作用讓身體不會老化生鏽。」

【材料】

- **竹莢魚**
  所含的DHA具有防止老化的功效。
- **糙米飯**
  含有維生素E，防止細胞老化。
- **茼蒿**
  含維生素U，能保護胃腸黏膜。
- **胡蘿蔔**
  含有β-胡蘿蔔素和維生素C，能提高免疫力預防感染發生。
- **小松菜**
  含有豐富的抗氧化維生素。

●**橄欖油**
能量來源。

●**櫻花蝦**
富含鈣質和蝦青素。

●**黑芝麻**
含有花青素和維生素E。

【作法】

1 將南瓜和青花菜切成容易入口的大小。

2 在鍋中放入糙米、南瓜和櫻花蝦，加水蓋過食材後煮沸，沸騰後加入豆漿和青花菜煮熟。

3 最後以畫圈的方式倒入蛋汁，煮熟形成蛋花後盛裝到容器中，再放上黑芝麻、帕瑪森起司和一小匙的橄欖油。

青花菜（維生素C）

＋

南瓜（β-胡蘿蔔素、維生素E）

↓

去除活性氧

【作法】

1 將鮭魚、花椰菜、甜椒、菠菜切成容易入口的大小，玉米和洋香菜以食物調理機打成泥，通心粉和菠菜先水煮過備用。

2 鍋中倒入橄欖油加熱後將鮭魚炒熟。

3 再放入其他材料和100cc的水，煮到食材變軟為止。

花椰菜（維生素C）

＋

玉米（膳食纖維）

↓

強化免疫力

烹調重點

「體內含有最多維生素C的部位就是眼睛，可利用含有大量蔬菜的鮮食湯來攝取維生素C，由於維生素C為水溶性維生素無須擔心攝取過量的問題，所以請儘量讓狗狗的每一餐鮮食都能攝取到維生素C。」

●**甜椒**
同時含有維生素C和維生素P，可減少維生素C在加熱過程中的流失。

●**芝麻油**
能量來源。

●**櫻花蝦**
富含鈣質和蝦青素。

●**碎芝麻**
可補充維生素E。

【作法】

1 將竹莢魚、萵苣、胡蘿蔔、小松菜、甜椒切成容易入口的大小。

2 鍋中倒入芝麻油加熱後放入竹莢魚炒熟，接著加入糙米飯、胡蘿蔔、小松菜、甜椒、碎芝麻和櫻花蝦一同翻炒。

3 最後加入萵苣將所有食材炒熟後即可完成。

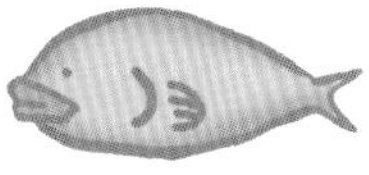

竹莢魚（DHA、EPA）

＋

甜椒（β-胡蘿蔔素、維生素C、維生素E）

↓

防止老化

● 第一類／穀類　● 第二類／肉、魚、蛋、乳製品類
● 第三類／蔬菜、海藻類　● α／油脂類　● α／調味類

外耳炎

狗狗開始頻繁地搔抓耳朵時要特別注意

狗狗的耳道一旦發炎感染，改善的關鍵在於以低刺激的方式清潔耳朵以及提供適當的飲食來增強牠們的體力。

症狀

耳道內積滿呈現蠟狀或黏稠狀的耳垢，不管清多少次耳朵還是會出現相同症狀，標準症狀是狗狗頻繁地搔抓耳朵。

原因

雖然一般認為是因為細菌或黴菌等病原體感染所造成，但由於大部分的病原體是常在菌，因此本質上的問題應該是「抵抗力下降導致身體被常在菌感染而發病」。可利用生理食鹽水將耳朵洗淨，保持狗狗耳朵的清潔。

外耳炎狗狗應積極攝取的五大營養素

1 維生素C

生成膠原蛋白、維持皮膚和血管的健康

含有的食材 ---- 白蘿蔔、青花菜、花椰菜、南瓜、小松菜、番薯、青椒、洋香菜、番茄、胡蘿蔔、甜椒

2 維生素A、β-胡蘿蔔素

維持皮膚健康

含有的食材 ---- 肝臟（牛肝、豬肝、雞肝）、蛋黃、菠菜、小松菜、胡蘿蔔、南瓜

3 EPA

預防過敏

含有的食材 ---- 沙丁魚、秋刀魚、鯖魚、櫻花蝦、魩仔魚乾、小魚乾

4 卵磷脂

構成細胞膜的重要成分

含有的食材 ---- 大豆、蛋黃

5 α-次亞麻油酸

輔助EPA的功能

含有的食材 ---- 亞麻仁油、紫蘇油、荏胡麻油、葡萄籽油、芥花油、核桃

抑制發炎、改善皮膚狀態

生薑風味鯖魚雜菜粥

烹調重點

「薏仁能促進新陳代謝，改善體內的水分循環，同時還具有鎮痛消炎的效果。與白米以二比八的比例一起烹煮，務必記得要煮到軟爛才比較容易消化。」

【材料】

●鯖魚
富含EPA、DHA的蛋白質來源。

●薏仁飯
具有消炎、鎮痛、利尿的效果。

●水煮大豆
含有大豆皂苷的植物性蛋白質。

●番茄
有消炎作用，含有抗氧化物質番茄紅素。

●萵苣
含有維生素U，能保護胃腸黏膜。

●小松菜
澀味少的萬能黃綠色蔬菜，與薏仁搭配更有效。

●南瓜
含有維生素C能強化免疫力。

●薑
具抗菌作用。

●芥花油
能量來源，能補充EPA。

【作法】

1 將薏仁與白米以一比四的比例混合後煮熟備用。鯖魚、番茄、萵苣、小松菜、南瓜、大豆切成容易入口的大小，薑磨成泥。

2 在鍋中放入鯖魚和薑拌炒，接著加入薏仁飯、大豆、小松菜、南瓜，加水蓋過後將所有食材後煮熟。

3 煮熟後加入萵苣、番茄和芥花油與全部的食材攪拌均勻即可。

利尿作用提昇狗狗的排泄能力

蔬菜納豆烏龍麵

烹調重點

「將具有利尿作用的食材與富含膳食纖維的蔬菜搭配組合。青魚類所含的EPA具有預防過敏的功效，最好選用當季的魚種。而α-次亞麻油酸能輔助EPA的功效。」

【材料】

- **沙丁魚** EPA能促進血液循環。
- **雞蛋** 含有卵磷脂能生成細胞膜。
- **烏龍麵** 能量來源。
- **金針菇** 富含膳食纖維的低熱量食材。
- **牛蒡** 富含膳食纖維，具有解毒作用。
- **胡蘿蔔** 含有β-胡蘿蔔素和維生素C，能提高免疫力預防感染症。

增加抵抗力對抗病菌

印度烤雞抓飯

【材料】

- **雞胸肉** 富含維生素A的蛋白質來源。
- **優格** 含有能保持皮膚健康的維生素B_2和生物素。
- **麥飯** 具有解毒作用。
- **菠菜** 含有β-胡蘿蔔素的黃綠色蔬菜。
- **甜椒** 同時含有維生素C和維生素P，可減少維生素C在加熱過程中的流失。
- **核桃** 含有維生素E。
- **水煮大豆** 含有卵磷脂，是構成細胞膜的重要成分。
- **四季豆** 含有維生素且具有抗菌解毒作用。
- **薑黃** 強化肝功能、抑制發炎。
- **櫻花蝦** 含有豐富的鈣質，且能提昇鮮食風味。

含有大量水分的鮮食
幫狗狗將代謝廢物排出體外

蛤蜊湯飯

烹調重點

「由於代謝廢物會經由尿液排出體外，因此平常要儘量讓狗狗攝取大量的水分。利用能熬煮高湯的食材增加鮮食的風味，能夠讓狗狗更愛喝鮮食裡的湯汁。」

【材料】

- **雞蛋** 含有均衡胺基酸的優質蛋白質。
- **雜糧飯** 含維生素、礦物質的能量來源。
- **青花菜** 含有豐富的維生素C。
- **胡蘿蔔** 含有β-胡蘿蔔素和維生素C，能提高免疫力預防感染症。
- **碎海苔** 可補充經常攝取不足的礦物質。
- **芥花油** 含次亞麻油酸的維生素E來源。

●納豆
納豆激酶能讓血液變得更流暢。
●小松菜
富含β-胡蘿蔔素。
●芥花油
能輔助EPA的功能。

【作法】
1 沙丁魚、金針菇、牛蒡、胡蘿蔔、小松菜切成容易入口的大小。
2 沙丁魚放入鍋裡翻炒，接著加入烏龍麵、金針菇、牛蒡、胡蘿蔔和蓋過所有食材的水後，煮到所有食材變軟為止。
3 再加入小松菜、納豆並倒入蛋汁，全部攪拌均勻後最後加入芥花油即可。

【作法】
1 將雞肉、菠菜、甜椒、四季豆切成容易入口的大小，薑磨成泥。
2 接著把雞肉、優格和薑黃攪拌均勻。白米與麥以四比一的比例混合後煮成麥飯。
3 鍋中放入雞肉煎熟，接著加入麥飯、菠菜、大豆、核桃、甜椒、四季豆、櫻花蝦和水100cc，並全部翻炒均勻即可。

烹調重點
「使用含有β-胡蘿蔔素和維生素C的黃綠色蔬菜能強化免疫力。搭配具有抗菌解毒作用的蘆筍、四季豆、小麥等食材可以保護身體不受細菌感染。」

●魩仔魚乾
增加鮮食風味，補充鈣質。
●蛤蜊
含有鋅，能維持皮膚健康。

【作法】
1 將青花菜、胡蘿蔔切成容易入口的大小。
2 蛤蜊放入鍋內並加入不蓋過蛤蜊約露出頂端的水後煮成高湯，蛤蜊肉切碎。
3 高湯內加入魩仔魚乾、雜糧飯和胡蘿蔔，煮沸之後加入青花菜，待所有食材煮熟後倒入蛋汁打成蛋花，最後加入芥花油並灑上碎海苔即可。

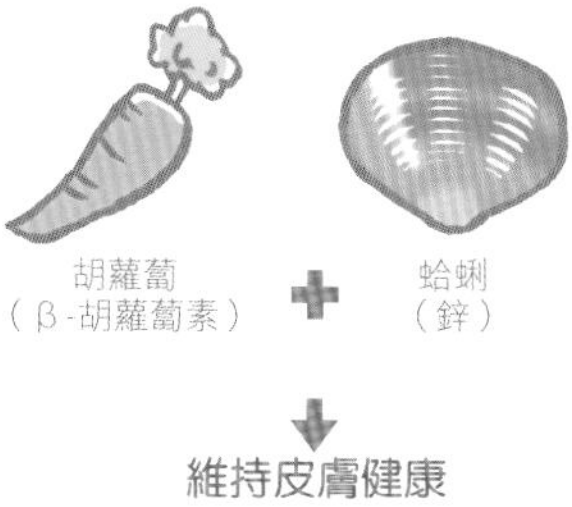

不只造成狗狗的皮膚病，連人類也會受害

跳蚤、壁蝨、外寄生蟲感染

雖然跳蚤或壁蝨本身並不會造成嚴重的傷害，但卻有可能攜帶重大疾病的病原體而導致感染。

症狀

跳蚤：脫毛、紅疹、嚴重搔癢。壁蝨：脫毛、搔癢、皮屑凝結成硬塊、皮屑硬化後結成厚疤、極度搔癢的紅疹、狗狗有時還會因為被壁蝨叮咬過於疼痛而出現走路姿勢不自然的現象。

原因

跳蚤、壁蝨等外寄生蟲附著或寄生在狗狗的體表所造成。健康的狗狗通常不受影響，但身體較差的狗狗則比較容易受到影響。

跳蚤、壁蝨、外寄生蟲感染的狗狗應積極攝取的五大營養素

1 皂苷

促進代謝廢物的排泄

含有的食材 ---- 大豆、凍豆腐、納豆、味噌、豆腐渣、炸豆皮、豆漿、紅豆

2 生物素

預防皮膚炎

含有的食材 ---- 肝臟（牛肝、豬肝、雞肝）、沙丁魚、雞蛋、堅果、黃豆粉、花椰菜

3 維生素A、β-胡蘿蔔素

維持皮膚健康

含有的食材 ---- 肝臟（牛肝、豬肝、雞肝）、蛋黃、菠菜、小松菜、胡蘿蔔、南瓜、山茼蒿

4 菊糖

促進代謝廢物的排泄

含有的食材 ---- 牛蒡、菊苣、大蒜

5 硫

排出有害的礦物質

含有的食材 ---- 白蘿蔔、大蒜、雞蛋、大豆、鮪魚瘦肉部分、鰤魚、雞胸肉、雞里肌肉、牛後腿肉、豬後腿肉

強化免疫力維持皮膚的健康

雞肉香菇雜菜粥

烹調重點

「使用含有維生素A、碘、鋅、生物素的食材能維持狗狗皮膚的健康。將代謝廢物排出體外讓外寄生蟲不再寄生在狗狗身上，而強化免疫力才能讓身體即使被寄生蟲叮咬也不受影響。鮮食中加入大量的水分和植物油，可以提高維生素A的吸收效率。」

【材料】

●**雞胸肉**
含有維生素A的蛋白質來源。

●**雞肝**
維生素A的寶庫，同時還含有生物素和鋅。

●**雜糧飯**
含有維生素、礦物質的能量來源。

●**香菇**
β-葡聚醣能強化免疫力。

●**炸豆皮**
含有皂苷。

●**海帶芽**
含有碘，能維持皮膚的健康。

●**胡蘿蔔**
含有β-胡蘿蔔素和維生素C，能提高免疫力預防感染症。

●**牛蒡**
含有菊糖和膳食纖維，具有解毒作用。

●**橄欖油**
能量來源。

【作法】

1 將雞肉、雞肝、香菇、炸豆皮、海帶芽、胡蘿蔔、牛蒡切成容易入口的大小。

2 鍋中倒入橄欖油加熱，放入雞肉和雞肝翻炒至表面變白為止，接著加入雜糧飯、香菇、牛蒡、炸豆皮、胡蘿蔔並加水蓋過後燉煮到所有食材變軟為止。

3 食材煮軟後，加入海帶芽攪拌均勻即可。

1

2

4

● 第一類／穀類　● 第二類／肉、魚、蛋、乳製品類
● 第三類／蔬菜、海藻類　● α／油脂類　● α／調味類

排出代謝廢物，不讓寄生蟲上身

綜合根菜雜菜粥

烹調重點

「使用具有利尿、解毒作用的食材，並加入大量水分的鮮食來促進排泄。如果是不喜歡喝水的狗狗，可將鮮食勾芡，並使用鮮味較重的高湯來提昇鮮食的風味。」

【材料】

●**鮪魚**
含有硫的蛋白質來源。

●**蛤蜊**
含有鋅能維持皮膚的健康。

●**麥飯**
含維生素、礦物質的能量來源，具有解毒作用。

●**大豆**
大豆皂苷能幫助利尿。

●**胡蘿蔔**
含有β-胡蘿蔔素和維生素C，能提高免疫力預防感染症。

幫助皮膚再生

豆漿味噌雜菜粥

【材料】

●**鰤魚**
含有EPA、DHA的蛋白質來源。

●**薏仁飯**
抑制發炎。

●**薑**
薑烯酚具有抗菌效果。

●**山茼蒿**
β-胡蘿蔔素的寶庫，能強化免疫力。

●**花椰菜**
含有維生素C和生物素，預防皮膚炎。

●**南瓜**
含β-胡蘿蔔素，能強化免疫力。

●**豆漿**
植物性蛋白質，含大豆異黃酮。

●**牛蒡**
含菊糖能將代謝廢物排出體外。

●**味噌**
含有大豆皂苷，具有利尿作用。

驅蟲鮮食，不讓跳蚤、壁蝨靠近狗狗

甜椒肉絲拌飯

烹調重點

「大蒜的氣味具有驅蟲效果，由於攝取過多可能造成狗狗貧血，因此不能大量食用，每天只能攝取一瓣（以10公斤的狗狗為例）。」

【材料】

●**牛後腿肉**
含有維生素B_6能減輕過敏症狀。

●**白飯**
能量來源。

●**甜椒**
含有維生素C能強化免疫力。

●**大蒜**
含有硫。

●**青花菜**
含有豐富的維生素C。

●**杏仁片**
補充維生素E。

● 牛蒡
含有菊糖和膳食纖維，具有解毒作用。

● 白蘿蔔
含有硫。

● 四季豆
含有豐富的維生素且具有解毒作用。

● **黃豆粉**
含有生物素能預防皮膚發炎。

【作法】

1 將鮪魚、大豆、牛蒡、胡蘿蔔、白蘿蔔、四季豆切成容易入口的大小。

2 鍋中放入蛤蜊和適量清水，熬煮出高湯後將蛤蜊肉切碎，接著放入鮪魚、大豆、牛蒡、胡蘿蔔、白蘿蔔和麥飯後燉煮。

3 待食材煮熟後再加入四季豆和黃豆粉煮沸即可。

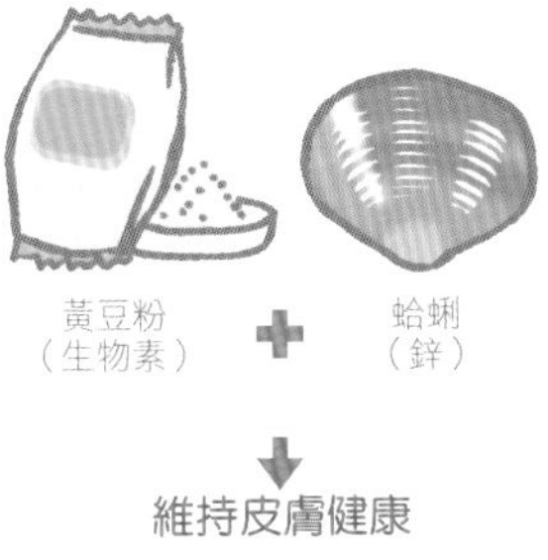

【作法】

1 將鰤魚、山茼蒿、花椰菜、牛蒡、南瓜切成容易入口的大小，薑磨成泥。

2 鍋中放入鰤魚和薑翻炒到魚肉表面變色，接著加入薏仁飯、一小匙味噌、花椰菜、牛蒡、南瓜、豆漿並加水蓋過食材表面後，燉煮到所有食材變軟為止。

3 最後加入山茼蒿全部攪拌均勻即可。

烹調重點

「維持皮膚健康，將排泄廢物排出體外！皂苷含有利尿作用，可以抑制皮膚的發炎，讓皮膚維持健康。務必將薏仁煮軟後再給狗狗食用。」

● 紅豆（水煮紅豆）
含有皂苷，幫助狗狗將代謝廢物排出體外。

● 胡蘿蔔
含β-胡蘿蔔素，能強化免疫力。

● **芝麻油**
補充維生素E。

【作法】

1 將牛肉、甜椒、青花菜、胡蘿蔔切成容易入口的大小，把大蒜磨成泥。

2 以芝麻油熱鍋，放入大蒜、紅豆和牛肉炒熟。

3 把牛肉炒熟後加入甜椒、青花菜、杏仁片、胡蘿蔔繼續翻炒，最後將煮好的白飯和炒熟的牛肉、蔬菜攪拌均勻即可。

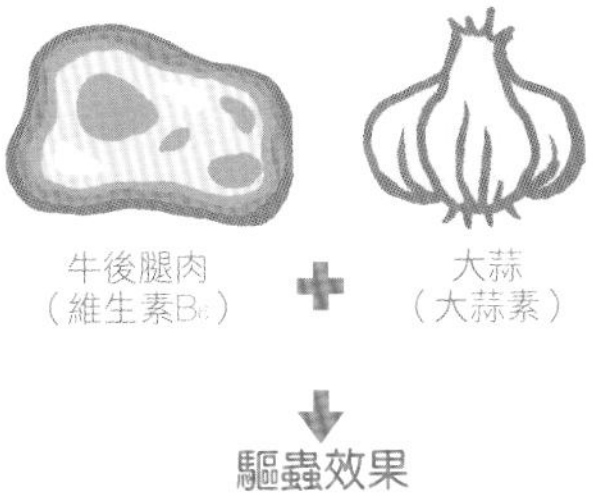

● 第一類／穀類　● 第二類／肉、魚、蛋、乳製品類
● 第三類／蔬菜、海藻類　● α／油脂類　● α／調味類

解決煩惱的小知識

雖然不是很嚴重的疾病，
但感覺狗狗有些夏日倦怠的症狀時還是會令人擔心，
接下來就來告訴大家怎麼樣才能讓狗狗早點恢復精神吧！

狗狗夏日倦怠時的鮮食

消除夏日倦怠的五大營養素

1 蛋白質 打造強壯的身體、強化抵抗力

含有的食材 --------- 雞肉、雞蛋、牛肉、豬肉、沙丁魚、竹莢魚、鱈魚、鮪魚、鮭魚、豆漿、豆腐、大豆、乳製品

2 醣類 補充能量、消除疲勞

含有的食材 --------- 白米、糙米、薏仁、烏龍麵、蕎麥麵、小麥、番薯、水果、餵食果汁也很有效

3 維生素 B_1 促進醣類代謝、具有消除疲勞效果的活力來源

含有的食材 --------- 豬肉、雞肝、鮭魚、沙丁魚、糙米、大豆、納豆、豆腐、四季豆、菠菜

4 維生素C 強化抗壓力、增進食慾

含有的食材 --------- 青花菜、花椰菜、青椒、番茄、南瓜、菠菜、水果

5 天門冬胺酸 分解乳酸、促進新陳代謝、增強體力

含有的食材 --------- 蘆筍、大豆、凍豆腐、魩仔魚乾、柴魚片

烹調重點

「想要回復體力就必須要吃飯！利用狗狗喜歡的高湯風味或乳製品，增加鮮食的嗜口性，激發狗狗的食慾。有些夏季當季的新鮮食材直接生食可以達到讓身體降溫的效果，因此可將生番茄或生黃瓜等食材直接放在飯上讓狗狗食用。」

PART 3

自製鮮食讓疾病痊癒了!!

真實案例食譜26連發

就這樣恢復活力了！
口內炎、牙周病

＊姓名＊ 竹中悟

＊性別＊ 男生

＊犬種＊ 黃金獵犬

＊年齡＊ 5歲

改善前後的身體變化

說起來可能會讓人嚇一大跳，我家狗狗從只吃乾飼料和水的生活轉變成吃鮮食之後，才過了兩天皮膚就有明顯的改變，或許之前一直處於脫水的狀態。而口臭和體臭雖然在一開始的前兩個星期很嚴重，但經過一個月後就幾乎感受不到臭味，而且食慾也變好了。三個月之後原本活力旺盛的小悟又回來了，現在牠最愛吃的就是沙丁魚之類的青魚類。

治好了！恢復活力了！

食譜實例 1
豬肉納豆雜菜粥

烹調重點

「為了有效攝取到維生素A（β-胡蘿蔔素）來強化口腔內的黏膜，食材最好先用油炒過一次後再加以燉煮。儘量選擇當季的黃綠色蔬菜來補充β-胡蘿蔔素，例如春季用豌豆仁、夏季用南瓜、而秋季用青江菜、冬季用青花菜等。」

【材料】

●絞肉（豬肉）

富含能促進細胞再生的維生素B_1和維生素B_2，因此能加速癒合，此外所含的菸鹼酸也能增進治療效果，如果狗狗不方便進食的話可改用雞蛋。

●白飯

為了產生體力的必要能量來源。

●納豆

大豆製品中富含能促進細胞再生和保護黏膜的維生素B_2，同是也是容易消化有益健康的蛋白質來源。

●小松菜

富含維生素的蔬菜，含有能預防細菌感染、強化黏膜的β-胡蘿蔔素以及能強化免疫力的維生素C。

●胡蘿蔔

黃綠色蔬菜的代表，被稱之為β-胡蘿蔔素的寶庫，具有強化皮膚和黏膜的功效。

●牛蒡

一般認為用牛蒡的葉子和根部熬煮

出的汁液漱口，可有效治療口內炎。豐富的膳食纖維能將腸內的代謝廢物排出體外，而胃腸的健康也可能會帶動口腔的健康。

●高麗菜

含有能保護胃腸健康的維生素U，深綠色葉子部分則含有豐富的維生素C能強化免疫力。高麗菜切碎之後最好不要在水裡泡太久以免營養流失。

●熟芝麻

含有omega-3脂肪酸具有抑制發炎的效果，由於芝麻顆粒很可能未經消化就排出體外，因此最好選用芝麻油、芝麻醬或碎芝麻。

●營養補充品

綜合維生素和礦物質

【作法】

1 將絞肉、切碎的蔬菜、白飯、熟芝麻放入鍋內，加水蓋過所有食材後煮到蔬菜變軟為止。

2 待**1**放冷後加入納豆和營養補充品攪拌均勻即可完成。

製作鮮食的經驗談

因為狗狗無法吃下較硬或塊狀的食物，所以會先用食物調理機打成糊狀。然後再利用運動飲料的擠壓式水瓶，將瓶嘴（吸管太粗）放到狗狗的口中餵食。雖然狗狗不喜歡吃流質食物，但因為是我們自己做的鮮食，所以還是會一邊忍著疼痛一邊開心地吃下去。

什麼是綜合維生素和礦物質？

雖然不同廠商之間可能會有所差異，不過一般都會含有下列成分：

β-胡蘿蔔素、維生素C、維生素D、維生素E、維生素B_1、維生素B_2、維生素B_6、維生素B_{12}、菸鹼酸、葉酸、生物素、鈣、鐵、碘、鎂、鈉、鋅、銅等。

轉換成食物的話

●β-胡蘿蔔素

強化黏膜／胡蘿蔔、小松菜、南瓜等黃綠色蔬菜

●維生素C

強化免疫力／白蘿蔔、高麗菜、水果

●維生素B_1

促進細胞再生／豬肉、大豆製品

●維生素B_2

促進細胞再生／乳製品、黃綠色蔬菜、大豆製品、蛋黃

●維生素B_6

強化免疫力／沙丁魚、鰹魚、香蕉

●維生素B_{12}

輔助葉酸功能／沙丁魚、鯖魚、鮭魚、雞蛋、納豆

●菸鹼酸

促進血液循環、加速癒合效果／花生、舞菇、鯖魚

●維生素E

增加抵抗力對抗感染／植物油、芝麻

●葉酸

讓細胞維持正常功能／菠菜、青花菜、大豆、肝臟

就這樣恢復活力了！

口內炎、牙周病

＊姓名＊ 金田莉子

＊性別＊ 女生

＊犬種＊ 博美犬

＊年齡＊ 10歲

改善前後的身體變化

簡單來說就是口臭極為嚴重，雖然覺得莉子很可憐，可是牠的口臭簡直就跟水溝一樣臭，而且還會一直滴口水，不管是誰只要來到我們家都會感受到那股臭味。帶牠去動物醫院看診後，被診斷出罹患了牙周病，血液檢查也發現肝指數和腎指數偏高，有慢性肝病與慢性腎臟病的情形。正在煩惱的時候，候診室的狗友告訴我有關自製鮮食和口腔保健的資訊，於是決定開始餵莉子吃自製鮮食。開始改吃鮮食之後，馬上發生變化的就是口臭的情形，才只經過四、五天而已，就跟吃鮮食之前的情況完全不一樣，口臭幾乎都消失了。

除此之外，莉子以前大部分的時間都在睡覺，改吃鮮食之後，感覺變得更有精神，也開始會玩玩具了，更棒的是在經過半年之後，牙周病已經獲得改善。由於莉子從來到我家後就一直有口臭的問題，所以現在可以說是開始享受快樂的第二狗生（？）了。

製作鮮食的經驗談

我會把莉子的食物都儘量煮軟（在症狀緩和之前），搭配認真地幫牠刷牙、口腔內殺菌以及刷完牙後在牠的嘴巴裡塗乳酸菌。狗狗不想吃飯的時候，我也不會強迫牠吃，而是讓牠吃流質的食物攝取營養。雖然彼此都有些辛苦，但莉子的症狀改善得很快也很順利，沒想到飲食中蘊含這麼大的威力，從今以後我也會一直持續下去。

治好了！恢復活力了！

食譜實例 2

雞肉黃綠色蔬菜雜菜粥

烹調重點

「在製作燉煮而成的雜菜粥時，很適合加入雞肝這一類容易攝取到維生素A的食材。將太白粉換成葛粉幫鮮食勾芡可以保護狗狗的胃腸黏膜。富含維生素C能強化免疫力的青花菜也可以用白蘿蔔泥或高麗菜泥代替，鋪在鮮食上食用即可。」

【材料】

●絞肉（雞絞肉、雞肝）

富含能促進細胞再生的維生素B_1，能加速癒合能力。加入雞肝能有效攝取到維生素A，達到保護黏膜的功效。

●糙米

富含維生素B_1等維生素和礦物質，烹調時記得燉煮到軟爛以方便狗狗進食。

●青花菜

富含維生素C和β-胡蘿蔔素的黃綠色蔬菜。維生素C能強化免疫力，β-胡蘿蔔素具有保護黏膜的功效，夏天推薦使用青椒（或甜椒）。

●胡蘿蔔

黃綠色蔬菜的代表，被稱為β-胡蘿蔔素的寶庫，具有強化皮膚和黏膜的功效，是一年四季都很容易買到的蔬菜。

●高麗菜

含有能保護胃腸健康的維生素U，深綠色葉子部分則含有豐富的維生素C能強化免疫力。切碎之後的高麗菜最好不要在水裡泡太久以免營養流失。

●太白粉

將鮮食勾芡可以讓狗狗更方便進食，若將太白粉換成葛粉，則還有保護胃腸黏膜、促進腸道健康的效果，進而促進狗狗口腔的健康。

【作法】

1 將切碎的蔬菜和肉放入鍋內，加水蓋過所有食材後燉煮到蔬菜變軟為止。接著倒入太白粉水攪拌均勻進行勾芡。

2 糙米飯盛裝到容器中，淋上**1**即可完成。

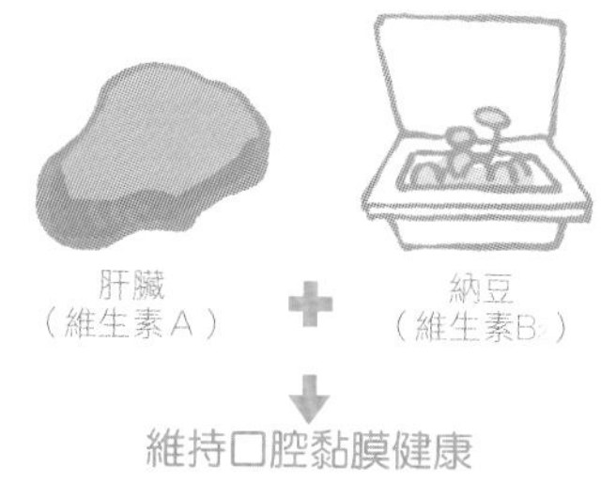

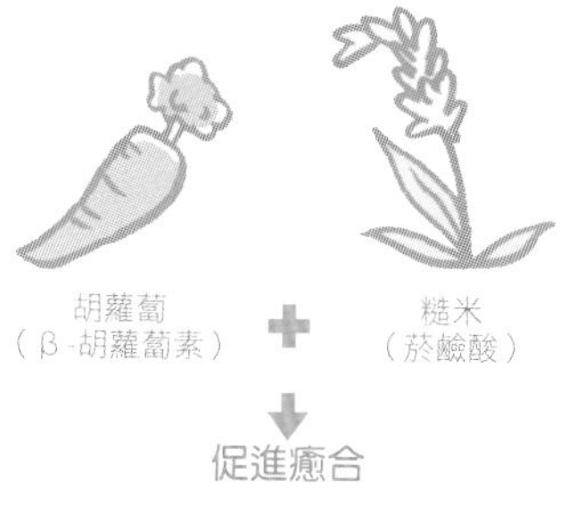

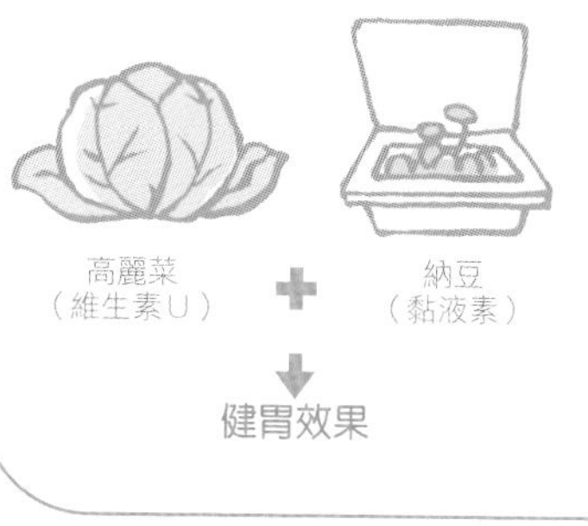

就這樣恢復活力了！

細菌、病毒、黴菌感染症

＊姓名＊ 上野健太
＊性別＊ 男生
＊犬種＊ 米格魯小獵犬
＊年齡＊ 4歲

改善前後的身體變化

健太的身體之前一直莫名地出現問題（外耳炎、皮膚搔癢、咳嗽、下痢、嘔吐等），連獸醫都說「找不到病因所以只能繼續觀察」，尋找有沒有什麼辦法可以改善的時候，得知可以餵狗狗吃鮮食，於是就開始嘗試。

首先，最先開始出現變化的就是口臭和體味，原本我一直認為「狗狗本來就會有口臭和體味」所以向來不太在意，沒想到改吃鮮食的第二天起這些味道就產生變化，實在非常驚人。

接下來下痢和嘔吐的症狀則是在兩個星期後就消失了，不論是健太還是我們全家都高興得不得了。不過之後就花了比較長的時間，外耳炎大概是兩個月左右獲得改善，而皮膚搔癢和咳嗽則是在四個月之後才獲得改善。

雖然我當時也不知道只靠鮮食是否就能改善這些症狀，不過原本吃乾飼料的時候總覺得健太一副很受罪、很無精打采的樣子，一改成鮮食之後牠的眼神就變得閃閃發光，更棒的是在我準備鮮食的時候，健太會跑進廚房用充滿期待的眼神坐著等我，讓我製作鮮食時感覺更開心、更有意義。

製作鮮食的經驗談

雖然不需要進行太精密的營養計算工作，不過我不會只給狗狗吃雞里肌肉之類的單樣食物，同時也會特別注意要在鮮食裡加入大量的湯汁。另外我也儘量讓狗狗多攝取一些含有β-胡蘿蔔素和維生素C的食材，能有效強化黏膜和預防感染症。

治好了！恢復活力了！

食譜實例3

鮭魚雜菜粥

烹調重點

「雖然含有DHA、EPA的鮭魚是很容易引起狗狗食慾的食材，不過如果想要攝取到更豐富的DHA或EPA的話，可以改用青魚類的魚種。而牛蒡、香菇、羊栖菜等食材含有豐富的膳食纖維，能幫助狗狗將體內的代謝廢物排出。若擔心這些食材不好消化的話，可以將它們磨成粉末或切碎使用。」

【材料】

●鮭魚

EPA、DHA除了能將免疫力維持在良好的狀態之外，也具有抑制發炎、預防感染症的效果。若狗狗不喜歡吃魚的話，可改為含有omega-3脂肪酸的芝麻、核桃或亞麻仁油。

●白飯

疾病要痊癒首先需要的就是體力，白飯是為了產生體力的能量來源。

●番薯

維生素C能強化免疫力，甘甜的味道深受狗狗喜愛，豐富的澱粉讓維生素C不會輕易流失於水中，也可以用馬鈴薯代替。

●牛蒡

豐富的膳食纖維能活化整腸作用，將腸內的代謝廢物排出體外。膳食纖維中的木質素成分具有解毒作用。

●胡蘿蔔

黃綠色蔬菜的代表，被稱為β-胡蘿蔔素的寶庫，具強化皮膚和黏膜的功效，是一年四季都很容易買到的蔬菜。

●白蘿蔔

含有維生素C能強化免疫力，所含的消化酵素澱粉酶還可促進食物消化，不過因為澱粉酶不耐熱所以最好生食。

●香菇

菇類所含的β-葡聚醣能活化免疫力，同時還含有能增進皮膚和黏膜健康的維生素B_2。雖然生香菇也是很好的食材，但就保存性和營養方面來看乾香菇更勝一籌。

●乾燥羊栖菜

所含的膳食纖維能幫助身體將代謝廢物排出體外，另外也含有豐富的鎂、鋅等容易消耗的礦物質，和菇類一起食用能促進免疫力強化。

●芝麻油

由於含有omega-3脂肪酸，因此除了能維持免疫力還能抑制發炎，所含的維生素E能增加身體的抵抗力對抗感染症，同時還具有抗氧化作用。荏胡麻油或亞麻仁油也有相同效果。若狗狗不喜歡芝麻油的味道，也可用白芝麻油（透明的芝麻油）代替。

【作法】

1 將牛蒡磨成泥、羊栖菜用料理剪刀剪碎。

2 蔬菜切碎，鮭魚切成一口大小。

3 鍋中放入**1**和**2**，加水蓋過所有食材後燉煮到蔬菜變軟為止。

4 在**3**裡加入白飯並稍加煮沸後關火，再淋上少許芝麻油即可完成。

就這樣恢復活力了！

細菌、病毒、黴菌感染症

＊姓名＊ 鎌田約瑟芬

＊性別＊ 女生

＊犬種＊ 鬥牛犬

＊年齡＊ 6歲

改善前後的身體變化

約瑟芬之前的身體很差，陸陸續續出現長出溼疹、嚴重的口臭和體臭、下痢、嘔吐、陰部有分泌物等各種嚴重的症狀。將食物改成鮮食之後，最先出現變化的就是口臭和嘔吐的症狀，約一個星期左右就消失了。尿臭味則是在改吃鮮食的一開始味道變重，但五天後就再也沒有臭味。而體臭的現象雖然在一開始有變嚴重，但經過一個月左右也消失無蹤。至於下痢和陰部分泌物原本一直沒有改善，但在兩個半月以後也突然不再出現。原本有段時間我一直在擔心狗狗的身體這麼差以後該怎麼辦才好，結果現在身體都已經恢復活力，真的是太好了。

製作鮮食的經驗談

因為我本身有在上班的關係，沒辦法花很多工夫去準備鮮食，因此會使用冷凍食品（冷凍蔬菜）或小魚乾粉之類的食材。剛開始換成鮮食的時候，看到蔬菜直接從糞便排出還很擔心，後來知道可以把食物弄碎或利用食物調理機輕鬆把食材切碎後，就經常這樣使用。至於鮮食的營養成分計算工作，雖然我知道若能執行或許對狗狗有益，但考慮到我的個性可能無法長期持續下去，而且食物的營養標準也不能直接套用在新鮮的自製鮮食上，因此我並不會刻意計較營養素的問題。只要狗狗願意開心地吃飯並能充滿活力，我就心滿意足了。家母也跟我說「昔日的做法果然是最好的」，雖然簡單卻很有效。

治好了！恢復活力了！

食譜實例 4

鱈魚湯飯

烹調重點

「使用冷凍蔬菜也是一種讓製作鮮食更輕鬆、更能持續下去的訣竅。若能選用當季的黃綠色蔬菜則可以更有效地攝取到β-胡蘿蔔素。為了提高吸收率，最好將食材先用油炒過。因為使用低脂肪的鱈魚、含有膳食纖維的牛蒡以及含有維生素B_1、B_2的小魚乾，所以非常適合減重中的狗狗食用。若想改善黴菌感染的話，加入少量的大蒜也會有所幫助。」

【材料】

● 鱈魚

含有DHA、EPA的白肉魚，能維持免疫力和抑制發炎。低脂肪的鱈魚對於減重期的狗狗和高齡犬來說是十分適合的食材。若想攝取到更多DHA、EPA的話，可改用青魚類的魚種。鱈魚同時還含有維生素A能強化黏膜，並且能預防感染症。

● 白飯

為了產生體力的能量來源。

● 冷凍蔬菜（玉米、豌豆仁、胡蘿蔔）

胡蘿蔔所含的β-胡蘿蔔素和維生素C能強化黏膜和免疫力，豌豆仁所含的皂苷則具有利尿作用，能促進排泄將代謝廢物排出體外。玉米的膳食纖維則可將腸道清掃乾淨。

● 牛蒡

豐富的膳食纖維能活化整腸作用，將腸內的代謝廢物排出體外。膳食纖維中的木質素成分具有解毒作用。

● 高麗菜

含有能保護胃腸健康的維生素U，深綠色葉子部分則含有豐富的維生素C能強化免疫力。切碎之後的高麗菜最好不要在水裡泡太久以免營養流失。

● 香菇

菇類所含的β-葡聚醣能活化免疫力，同時還含有增進皮膚和黏膜健康的維生素B_2。雖然生香菇也是很好的食材，但就保存性和營養方面來看還是乾香菇更勝一籌。

● 小魚乾粉

DHA、EPA能維持免疫力和抑制發炎，維生素B_2有益於皮膚和黏膜的健康，因為同時含有維生素B_1和B_2能幫助醣類和脂質的代謝，所以也很適合減重中的狗狗食用。

● 太白粉水

【作法】

1 將蔬菜用食物調理機打成泥狀。

2 鍋裡放入**1**和切成一口大小的鱈魚肉，加入小魚乾粉並加水蓋過所有食材後，燉煮到蔬菜熟透為止，最後倒入太白粉水勾芡。

3 在碗裡盛裝白飯，將**2**淋在白飯上即可完成。

就這樣恢復活力了！

排泄不順（淚痕）

＊姓名＊ 松田勇、松田愛

＊性別＊ 男生、女生

＊犬種＊ 長毛吉娃娃犬

＊年齡＊ 3歲、9歲

改善前後的身體變化

我們家小勇的淚痕原本非常明顯，一眼就能看見牠的淚痕，但在換成鮮食後半年左右就消失得乾乾淨淨。

小愛則是在七歲左右的時候被診斷出有「蛋白質流失性腸病※」，嘗試過好幾種乾飼料後依舊無法有效改善，期間甚至還出現肝功能障礙……就這樣持續地過著每一天。

不過小愛在和小勇一起改吃鮮食的三個月後，血液檢查的結果顯示所有數值都恢復正常，尤其不知道是不是因為餵

治好了！恢復活力了！

食譜實例5

雞肉蔬菜豆腐渣煮物

烹調重點

「豆腐渣能吸收大量水分的高湯，讓鮮食變得富含大量水分，是促進排尿、將代謝廢物排出體外的推薦食材。但因為容易腐壞，因此也可以事先準備好乾燥的豆腐渣比較方便。配合季節搭配紅豆、冬瓜或小黃瓜等具有利尿作用的蔬菜，效果會更好。」

【材料】

●雞絞肉（或豬絞肉）

除了雞肉或豬肉之外，若能每天更換不同的食材如富含牛磺酸的鯖魚、竹莢魚、鰹魚等青魚類會更佳。

●豆腐渣

所含的皂苷能促進排泄、加強腎臟功能，同時對改善肝功能也有效。

●胡蘿蔔

維生素C能強化免疫力，同時所含的鉀還具有利尿作用

●青椒

維生素C能強化免疫力，由於同時含有維生素P能耐熱抗酸，因此能更有效地攝取到維生素C。若狗狗不喜歡青椒的苦味，可改用甜椒代替。

●白蘿蔔

含有維生素C能強化免疫力，所含的消化酵素澱粉酶還可以促進食物消化，不過因為澱粉酶不耐熱所以最好生食。

●高麗菜

含有能保護胃腸健康的維生素U，深綠色葉子部分則含有豐富的維生素C能強化免疫力。高麗菜切碎之後最好不要在水裡泡太久以免營養流失。

牠喝很多水的關係，小愛排出的尿液量比之前增加了一倍以上，原本有黃疸現象的深色尿液如今顏色也變淡了。

※攝取的蛋白質因某種原因而無法被腸道充分吸收，或者是將已經吸收到的蛋白質過度排出體外的一種疾病。而隨著血液檢查結果出現低蛋白血症（血中白蛋白濃度過低），病患會有水腫（浮腫）或腹水等症狀。

製作鮮食的經驗談

通常會將鮮食煮成湯汁類的型態，並且都會盡可能加入「豆腐渣」。

建議

豆腐渣也可用具有利尿作用的薏仁飯代替，還可搭配含有花青素能抑制活性氧產生的茄子或紅豆，以及含有維生素E的芝麻或植物油（橄欖油或芝麻油）。

【作法】

1 將蔬菜用食物調理機切碎。

2 鍋裡放入**1**、絞肉、豆腐渣後，加入事先做好的高湯，份量約為食材體積的一半，再加水蓋過所有食材，燉煮到蔬菜變軟為止。

3 將**2**放涼到人類肌膚表面的溫度後，盛裝到容器中即可。

常備高湯

【材料】

● 柴魚粉

鰹魚魚肉的深色部分含有牛磺酸，能強化肝臟功能和促進排尿，增加狗狗的排尿量。

● 昆布

所含的碘能活化體內代謝作用，鉀具有利尿作用，名為海藻酸的膳食纖維則可幫助排出體內的代謝廢物。

● 香菇

膳食纖維能幫助身體將代謝廢物排出體外，活化免疫力。

● 小魚乾粉

魚肉的深色部分含有牛磺酸，能強化肝臟功能和促進排尿，增加狗狗的排尿量，DHA則可讓血液變得更加流暢。

建議

配合不同季節可加入富含牛磺酸的蛤蜊或蜆等貝類煮成的高湯，對強化肝臟功能和促進排尿很有幫助，蛤蜊也有極佳的利尿作用。

【作法】

1 將食材放入鍋內，加入大量的水熬煮高湯。

2 利用廚房紙巾過濾後，將高湯放在冰箱內保存備用。

就這樣恢復活力了！

排泄不順（體臭）

姓名 城西泰瑞
性別 男生
犬種 吉娃娃犬
年齡 8歲

改善前後的身體變化

改吃自製鮮食後最先出現變化的是口臭。儘管聽別人的經驗都是口臭馬上就消失了，但在我家泰瑞身上，卻是口臭變得更「嚴重」。原本擔心是不是我家狗狗無法適應鮮食，後來聽說「每隻狗狗的狀況不同，有些狗狗會暫時先變嚴重然後才會改善」，而決定再繼續試試看，結果一個星期後口臭就消失了。體臭也是一樣，開始吃鮮食的四天後體味變得更重，但從第三個星期開始臭味就消失了。之前狗狗一洗完澡馬上就會散發出臭味，現在就算四個月沒洗澡也不會有明顯的味道。我們全家一直都很感謝自製鮮食的威力。

製作鮮食的經驗談

因為同樣也受到狗狗體臭問題困擾的朋友告訴我：「改善體臭的祕訣就是讓狗狗多喝水。」而且須崎醫師的書裡也有介紹多種含湯鮮食的作法，因此我們都是餵給狗狗「湯飯類的鮮食」。另外也考慮到只吃軟的食物會讓狗狗的牙齒變差，因此在飯後我們會給狗狗吃肉塊。雖然有時候感覺狗狗好像有點吃膩湯飯，但我們都會告訴牠「只要吃完這碗飯就會有肉肉吃囉」，而不讓牠挑食。一開始因為之前吃的狗食味道很重，所以狗狗對鮮食的清淡口味不太感興趣的樣子，不過漸漸地牠也學會享受食材的鮮美味道了。

治好了！恢復活力了！

食譜實例 6

雞肉蔬菜烏龍麵

烹調重點

「烏龍麵是很好消化的食材，最好使用燉煮的方式讓狗狗可以攝取到大量的水分。因為搭配味道清淡的雞里肌肉，可利用小魚乾或蛤蜊煮出的高湯增加鮮食風味，狗狗會更愛吃。若能添加含有皂苷可促進排泄的大豆製品（例如納豆）會更好。如果狗狗比較愛吃黏稠狀的食物，可將鮮食用太白粉或葛粉勾芡後再餵食。」

【材料】

●雞里肌肉
低脂肪的蛋白質來源，可搭配富含牛磺酸的青魚（小魚乾或鯖魚）或貝類（蛤蜊或蜆）煮出的高湯，除了讓鮮食更好吃還有促進排尿的效果。

●熟烏龍麵
容易消化的能量來源。

●胡蘿蔔
β-胡蘿蔔素能強化免疫力，同時所含的鉀還具有利尿作用

●青花菜
富含β-胡蘿蔔素和維生素C的蔬菜，維生素C能強化免疫力，如果是夏天的話建議可換成青椒（或甜椒）。

●香菇
膳食纖維能幫助身體將代謝廢物排出體外，活化免疫力。

●牛蒡
豐富的膳食纖維能活化整腸作用，將腸內的代謝廢物排出體外。膳食纖維中的木質素成分具有解毒作用。

建議

烏龍麵可用具有利尿作用的薏仁飯代替，也可搭配含有花青素能抑制活性氧產生的茄子或紅豆，以及含有維生素E的芝麻或植物油（橄欖油或芝麻油）。配合季節還可加入冬瓜或小黃瓜等具有利尿作用的蔬菜，效果會更好。

【作法】

1 將牛蒡磨成泥，其他的蔬菜切碎。
2 鍋裡放入**1**和切成一口大小的雞肉，加水蓋過所有食材後燉煮到蔬菜變軟為止。
3 餵食前將切成適當長短方便進食的熟烏龍麵用水沖洗一下後放入鍋裡，將烏龍麵加熱後即可完成。

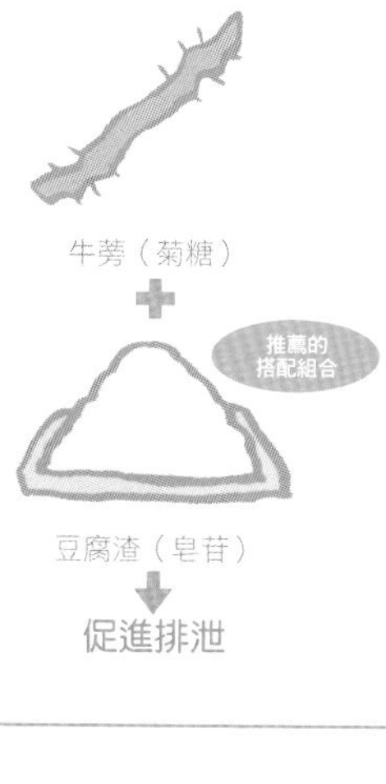

皮膚搔癢

就這樣恢復活力了！

＊姓名＊
井浦NIDOM

＊性別＊
男生

＊犬種＊
紐芬蘭犬

＊年齡＊
0歲

改善前後的身體變化

剛開始換成自製鮮食時，狗狗變得全身都很癢，還會去咬腳掌，眼睛還分泌出淺咖啡色黏稠狀的眼屎讓人很擔心。尿液量增加很多，因為鮮食水分充足，所以狗狗變得很少喝水。雖然吃得很多糞便量卻減少了。現在狗狗身上已經沒有體臭味，清耳朵時也不會散發出討厭的味道，完全沒有耳屎積在耳朵裡。洗完澡後就算過了三個星期也不會變臭，我們家前一隻狗狗都是洗過澡十天後就有狗臭味了。

治好了！
恢復活力了！

食譜實例7　鮮食的湯底

【材料】
●昆布　●乾香菇　●牛蒡
●冰箱裡有的蔬菜

【作法】
1　將昆布一片、乾香菇兩朵放在大碗中加水浸泡兩晚，等到湯汁變成淺褐色就表示高湯已經完成，接著把昆布和香菇切碎備用。
2　蔬菜用食物調理機切碎（蔬菜冷凍過後纖維會被破壞，更容易切碎）並燙過放入鍋裡，加入**1**的高湯蓋過所有食材，煮到蔬菜變軟為止。
3　大致放涼後即可完成。

魚之日的食譜

烹調重點
「沙丁魚含有DHA、EPA以及抗氧化物質穀胱甘肽，是能夠抑制皮膚發炎的優質食材。鮮食中加入大量水分可以幫助身體將代謝廢物排出體外。」

【材料】
●沙丁魚
深色魚肉的部分含有牛磺酸，能強化肝臟功能、促進排尿，增加狗狗的排尿量。EPA可以讓血液更流暢。
●青花菜
富含β-胡蘿蔔素和維生素C的蔬菜，能有效強化免疫力。
●胡蘿蔔
含β-胡蘿蔔素能強化皮膚和黏膜的

製作鮮食的經驗談

因為狗狗還在發育期，雖然想要幫牠準備鮮食，但還是對飲食是否均衡、會不會營養不良而感到不安，後來才知道原來不用想得那麼複雜，只要提供狗狗種類豐富且多元化的蔬菜、肉類或魚肉就可以了。

不過為了出外旅遊或是發生天然災害時的預備糧食，我們家還是會備有好幾種狗食。如果只餵牠吃狗食，狗狗就會一臉「怎麼又是這種東西」的表情，但只要換回鮮食，牠就會把狗碗舔得乾乾淨淨後超級滿足地去睡覺，看牠這個樣子就會覺得什麼辛苦都值得了。之後我也會繼續挑戰各種不同的食譜。

健康。

●羊栖菜
膳食纖維能將代謝廢物排出體外。

●南瓜
所含的穀胱甘肽能將毒素排出細胞外，還能緩和皮膚發炎症狀。

●金針菇
膳食纖維能將代謝廢物排出體外。

●昆布
所含的碘能活化體內代謝作用，鉀具有利尿作用，名為海藻酸的膳食纖維則可幫助排出體內的代謝廢物。

●香菇
β-葡聚醣能活化免疫力。

●柴魚片
牛磺酸能強化肝功能、促進排尿，增加狗狗的排尿量。

●魩仔魚
含有EPA、DHA能讓血液更流暢，維持良好的免疫力、抑制發炎。

●碎芝麻、芝麻油
芝麻素、芝麻素酚等芝麻木酚素具有強力的抗氧化作用。

●水果
富含維生素C能強化免疫力。

●乳酸菌
乳酸菌和比菲德氏菌的抑制過敏效果很值得期待。

●亞麻仁油
含omega-3脂肪酸具有抑制發炎的效果。

【作法】

1 將整尾沙丁魚和煮熟的青花菜放入食物調理機打成泥狀。

2 用湯匙挖起**1**一匙一匙地放入煮沸的滾水裡，煮到稍微浮起來後，輕柔地撈起避免散掉。

3 以食物調理機將蔬菜（常用蔬菜為胡蘿蔔、青花菜、羊栖菜）切碎。

4 利用步驟**2**中所使用的湯汁燉煮**3**的蔬菜和切成一口大小的南瓜，再放涼備用。

5 將金針菇以及用食物調理機切碎的昆布、香菇放入另一個鍋內，加入蓋過食材的水後稍加煮沸。

6 在湯底內放入前述步驟的所有食材，並在上面灑上配料（常用的配料為薄削昆布絲、柴魚片、魩仔魚、碎芝麻等）。

7 最後加入水果、乳酸菌、植物油（亞麻仁油、芝麻油或橄欖油擇一）後即可完成。

●來自飼主的建議

魚之日有時也會使用烤魚或水煮白肉魚（沒有調味）。（譯註：魚之日一般指每月十日，是日本水產業者訂出的鮮魚促銷日。）
遇到土用丑日時也可加入鰻魚（因為脂肪較多建議只加入少量）。
（譯註：土用丑日是指日本曆法中的夏季炎熱之日，通常在七月下旬，日本人習慣在當天吃鰻魚。）

異位性皮膚炎

就這樣恢復活力了！

＊姓名＊ 櫻井蘭

＊性別＊ 女生

＊犬種＊ 柴犬

＊年齡＊ 9歲

改善前後的身體變化

改吃鮮食後一開始體臭和口臭變得更明顯，耳朵的臭味和耳垢也變得更嚴重，甚至還有掉毛現象，家人也因此大力反對讓狗狗繼續吃鮮食。不過因為我相信須崎醫師的說法：「水分攝取變多後，因為代謝變快，有些狗狗可能會有症狀惡化的情形。」於是決定再讓狗狗繼續吃半年的鮮食。儘管如此，在症狀不斷惡化的情況下，連我一開始的信心都要開始動搖的第五個月，狗狗之前嚴重的體臭和口臭現象突然緩和下來，耳朵也變得很乾淨，毛髮則是在吃鮮食之後的半年開始長回來，最後花了九個月的時間，小蘭又恢復成一隻健康的柴犬了。雖然皮膚還是有一些發紅的現象，偶爾也會有搔癢的情形，但和以前比起來就會覺得這些小狀況都可以忍受。老實說中途有好幾次都想放棄，但幸好我有堅持下來。

製作鮮食的經驗談

因為小蘭不挑食，什麼食物都願意吃，所以我決定儘量均衡地為牠準備各種食物，儘管如此，我並不會去選擇那些難得一見的食材，主要都是在超市能買到的食材種類範圍內下工夫。雖然有人建議肉的種類最好經常更換，但對小蘭來說不管換不換牠都一樣愛吃。因為害怕會有細菌或寄生蟲汙染，而且小蘭更偏愛吃煎熟或蒸熟的食物而不是很喜歡吃生食，所以我為牠準備的都是熟食。另外，在小蘭吃完飯後我也一定會幫牠刷牙和塗抹乳酸菌，以免發生牙周病。

治好了！恢復活力了！

食譜實例 8

雞肉蔬菜湯飯

烹調重點

「讓狗狗攝取大量水分。使用含有穀胱甘肽的肝臟或含有EPA、DHA的魚類，能有抑制皮膚發炎的效果。平時可將小魚乾或柴魚片磨成粉末備用，或是事先煮好高湯後冷凍保存會更方便。」

【材料】

●雞里肌肉

富含維生素B_1，能促進細胞再生的低脂肪蛋白質來源。可搭配富含牛磺酸的青魚（小魚乾或鯖魚）或貝類（蛤蜊或蜆）煮出的高湯，除了讓鮮食更好吃之外，還有促進排尿的效果。

●白飯

能量來源。若使用含有生物素能維持皮膚健康的糙米，則要煮到軟爛才適合餵食。另外，蛋黃中也富含生物素。

●高麗菜

含有能保護胃腸健康的維生素U，深綠色葉子部分則含有豐富的維生素C能強化免疫力。切碎之後的高麗菜最好不要在水裡泡太久以免營養流失。

●牛蒡

豐富的膳食纖維能活化整腸作用，將腸內的代謝廢物排出體外。膳食纖維中的木質素成分具有解毒作用。

●胡蘿蔔

維生素C能強化免疫力，同時所含的鉀還具有利尿作用，β-胡蘿蔔素則能夠強化皮膚和黏膜的健康。

●白蘿蔔

含有維生素C能強化免疫力，所含的消化酵素澱粉酶還可促進食物消化，不過因為澱粉酶不耐熱，所以最好將生的白蘿蔔切碎或磨成泥後放在鮮食上。

●小松菜

維生素C能強化免疫力，同時所含的鉀還具有利尿作用，β-胡蘿蔔素則能夠強化皮膚和黏膜的健康。依照季節也可改用菠菜、青江菜、山茼蒿或油菜花。

●蓮藕

含維生素C能強化免疫力，由於同時含有澱粉，能讓維生素C不會輕易流失在水中。所含的鋅和維生素B_6是維持皮膚健康的營養素，膳食纖維能幫助身體將代謝廢物排出，黏液素能保護胃腸黏膜。

●南瓜

含有維生素C能強化免疫力，同時所含的鉀還具有利尿作用，β-胡蘿蔔素則能夠強化皮膚和黏膜的健康。穀胱甘肽能將毒素排出細胞外，緩和皮膚發炎的症狀。

●市售的高湯粉

增加鮮食風味。

●植物油

所含的維生素E具有抗氧化作用，能保護細胞。

【作法】

1 將蔬菜和雞肉切碎。

2 鍋裡放入**1**和少量高湯粉，加水蓋過所有食材後燉煮到蔬菜變軟為止。

3 將白飯盛裝在容器裡，淋上**2**並灑上數滴植物油即可完成。

就這樣恢復活力了！

癌症、腫瘤

姓名
天城丸

性別
男生

犬種
西施犬

年齡
12歲

治好了！
恢復活力了！

改善前後的身體變化

小丸在12歲的時候被醫師宣告說「得了骨肉瘤只剩下兩個月的壽命」，可說是瀕臨死亡的狀態，但卻在僅僅過了四個月之後完全恢復活力。

後來我們先從別家動物醫院得知先前的「骨肉瘤」其實是誤診，而在開始吃鮮食之後，原本疑似腫瘤的硬塊也越變越小了。先前全身、頭部和臉部脫落的毛髮也健康漂亮地長了回來，而且原本連飼主都受不了的嚴重體臭也變得消失無蹤。

食譜實例9 生薑風味雞肉雜菜粥

烹調重點

「富含抗氧化物質的黃綠色蔬菜是非常適合讓狗狗積極攝取的食材，而薑也含有抗氧化物質能抑制活性氧的作用，同時還可溫暖身體、改善血液循環。鮮食中的水分和膳食纖維能排出體內的代謝廢物、改善體內環境，菇類和生菜則能夠強化免疫力。」

【材料】

●雞里肌肉
富含維生素A能強化免疫力。

●糙米
能增強體力的能量來源，含有豐富的礦物質。

●胡蘿蔔
β-胡蘿蔔素的含量在黃綠色蔬菜中數一數二，具有抗氧化作用且能強化免疫功能。

●白蘿蔔
辣味成分中所含的丙烯基化合物和消化酵素氧化酶能抑制致癌物質。

●小松菜
所含的維生素C和維生素E能減弱致癌物質的效力和強化免疫力，同時也具有抑制致癌物質生成的功效。

●香菇
β-葡聚醣能活化免疫力，豐富的膳食纖維能幫助身體排出代謝廢物。

●馬鈴薯
含有豐富的澱粉讓維生素C不會輕易流失在水中，能強化免疫力。

製作鮮食的經驗談

小丸因為有異位性皮膚炎對某些食物過敏，因此我們會避免使用有過敏原的食材，並減少肉、魚、蛋等動物性蛋白質的餵食量，增加蔬菜和水果的比例，讓鮮食中的成分比例為蔬菜、水果：肉、魚：穀類＝2：1：1。蔬菜儘量選擇沒有使用農藥的當季蔬菜。由於小丸有些牙齒已經脫落，所以我都會把食材切碎並煮到軟爛以便牠消化，同時也會儘量多給牠吃一些含有酵素的生鮮食材。根據食材種類有時也會給牠吃稍微大塊一點的食物，讓牠也能享受啃咬的樂趣。

●薑汁

具有抗菌作用能預防中毒，香味成分有增進食慾的效果。

●橄欖油、芝麻油、紫蘇油、亞麻仁油、荏胡麻油

含有抗氧化物質維生素E能去除活性氧。

建議

選擇當季的黃綠色蔬菜加在飲食裡能夠讓狗狗更容易攝取到維生素和礦物質，同時因為含有膳食纖維，有助於排出體內的代謝廢物。另外為了促進血液循環，可選用含有EPA和DHA的魚肉，能促進疾病痊癒。

【作法】

1 將蔬菜切碎，雞里肌肉切成容易入口的大小。

2 鍋裡放入**1**和糙米飯，加入事先做好的高湯，分量約為食材體積的一半，再加水直到蓋過所有食材後，燉煮到蔬菜變軟為止。

3 待**2**放涼之後加入薑汁。

4 將**3**盛裝在容器裡，灑上數滴橄欖油，將含有酵素的生鮮食材切碎後放在鮮食上即可完成。

常備高湯

【材料】

●昆布 ●乾香菇 ●柴魚片

【作法】

1 將材料放入鍋內，加入大量的水熬煮高湯。

2 利用廚房紙巾過濾後，將高湯放在冰箱內保存備用。

含有酵素的生鮮食材配料

【材料】

●高麗菜 ●番茄 ●蘋果

●海帶芽 ●納豆 ●薑

【作法】

1 將食材切碎。

2 取適量放在完成的鮮食上做為配料。

就這樣恢復活力了！
癌症、腫瘤

姓名 長谷川拉芙

性別 女生

犬種 拉布拉多犬

年齡 10歲

改善前後的身體變化

雖然還沒到生病的地步，但總覺得拉芙變得很容易疲倦，散步完回家的時候步伐也變得很沉重，且身上還很容易長出脂肪瘤。而在發現罹患惡性腫瘤之前的半年左右，被醫師診斷出心臟有二尖瓣閉鎖不全的問題，建議應該開始吃藥（由於還不到非吃藥不可的地步，所以我並沒有讓狗狗吃藥而是繼續觀察牠的狀況）。想說狗狗畢竟是上了年紀，會有這些問題也是無可奈何的事。就這樣不久後拉芙被診斷出患有惡性腫瘤而開始進行治療，我們並沒有讓狗狗接受三大療法（譯註：癌症的三大療法即手術治療、放射線治療與化學療法），而是採用飲食、營養補充、運動和順勢療法等各種不同的方法來幫狗狗排毒和促進血液循環。結果不知道是不是因為體內持續淨化的關係，狗狗變得比以前更有活力，感覺好像回到年輕的時候一樣。開始治療經過一年，不但腫瘤消失，連心臟也變得沒有問題，現在沒有進行治療。目前狗狗全身上下都變得非常健康。

製作鮮食的經驗談

我會為狗狗選用能夠溫暖身體並具有排毒效果的食材，另外由於長出腫瘤的部位可能會有血液循環不良的情況，因此也會選擇能夠促進血液循環的食物。而為了減少活性氧對身體造成的傷害，還會在鮮食中加入含抗氧化物質的食材。其他則會特地儘量多用一些據稱有抗癌效果的食材或菇類，以不悲觀的態度認真地製作每一頓鮮食。

治好了！恢復活力了！

食譜實例 10

鮭魚黃綠色蔬菜糙米粥

烹調重點

「鮭魚＋黃綠色蔬菜能促進血液循環，同時還能補充容易攝取不足的維生素和礦物質。加入富含膳食纖維的海藻類能夠將體內蓄積的代謝廢物排出體外，在預防癌症方面，膳食纖維是非常適合積極攝取的食材。」

【材料】

●鮭魚

所含的蝦青素具有強力的抗氧化作用，omega-3脂肪酸除了能促進血液循環之外，還能對抗病原體的入侵。

●糙米

含有豐富的維生素、礦物質，由於身體在排毒過程中會消耗掉許多維生素和礦物質，因此需要充分地補充這些營養素。另外所含的硒能分解活性氧，保護身體不受氧化反應的傷害。

●青花菜

有助於將有害物質和血液中的毒素排出體外，同時還可強化肝功能。

●胡蘿蔔

富含具有抗氧化作用的β-胡蘿蔔素，同時還含有能預防癌症的維生素B、C、D、E和膳食纖維。

●南瓜

含有β-胡蘿蔔素和維生素C，兩者的共同作用能防止致癌物質的合成，由於也含有維生素E，所以也能期待它的抗氧化作用與讓血液更加流暢的效果。另外也因為含有豐富的膳食纖維，能幫助身體將有害物質排出體外。

●舞菇

舞菇所含的D-fraction成分具有抗腫瘤的效果。

●水雲藻

具有抑制血管新生的作用，能誘發癌細胞的細胞凋亡（Apoptosis）反應，並能活化免疫力細胞。

●蜆

含有牛磺酸能強化肝臟功能。

●大蒜

一般認為所含的增精素（scordinin）和鍺具有抗癌作用。

【作法】

1 鍋裡放入蜆和大量的水後開火熬煮出高湯，接著將蜆殼去除，蜆肉放回湯內。

2 在**1**的鍋中放入切碎的蔬菜、切成一口大小的鮭魚、少量磨成泥的大蒜、煮好的糙米飯，燉煮到蔬菜變軟為止。

3 將**2**關火後加入水雲藻攪拌均勻，盛裝到容器裡即可完成。

※ 配合愛犬的狀況，也可將鮮食做成泥狀。

就這樣恢復活力了！

膀胱炎、尿路結石

＊姓名＊ 鈴木強尼

＊性別＊ 男生

＊犬種＊ 柴犬

＊年齡＊ 6歲

改善前後的身體變化

強尼從來到我家的那天開始就一直有血尿、尿結石、尿結晶的問題，必須每個星期都到動物醫院就診。經常幫強尼看病的獸醫師跟我們說：「因為這隻狗狗的體質很容易產生結石，所以就算吃處方飼料可能還是會一直有這個問題。」而我們也相信了這種說法。但之後在某個場合裡，聽到一起散步的狗友分享他們讓狗狗吃鮮食的好處，於是在半信半疑之間上網查詢一些資料後，覺得應該有嘗試看看的價值，就算沒效至少也能讓狗狗更有精神便開始自製鮮食。結果原本超級惱人的尿尿問題在改吃鮮食兩個星期後就消失了，連經常看病的獸醫師都說：「狀況很好呢，尿裡都沒有結晶囉。照這個情形可以讓牠吃處方飼料了。」就像很多人所說的一樣，那我們之前的辛苦到底算什麼啊……的感覺，不過也因為這個契機，我開始學習飲食的相關知識，連我的家人原本很容易在冬天感冒，但在這兩年連一次感冒也沒得過。再次感謝飲食的威力。

製作鮮食的經驗談

一開始為了降低尿液的酸鹼值，所以鮮食是以肉類和魚肉為主，蔬菜為輔，不過後來看了很多資料後，知道比起尿液酸鹼值水分的攝取更為重要，因此後來鮮食都是以茶泡飯或做成魚丸的形式來製作，而這也讓狗狗變得可以排出大量清淡的尿液。

治好了！恢復活力了！

食譜實例 11

鯖魚魚丸湯飯

烹調重點

「為了能預防感染症、強化膀胱的黏膜，使用含有β-胡蘿蔔素和維生素C的黃綠色蔬菜，並特意在鮮食中加入大量的水分，以及利用魩仔魚乾或柴魚片的高湯提昇鮮食的風味。建議使用含有EPA、DHA能促進血液循環、抑制發炎的魚類做為主要的蛋白質來源。」

【材料】

●鯖魚

是富含EPA、DHA的青魚類中的代表魚種。能促進血液循環、維持良好的免疫力進而抑制發炎，還有促進癒合的效果。

●白飯

能量來源。

●白菜

白菜的營養成分與高麗菜類似，可配合季節選擇。由於熱量比高麗菜還低，因此很適合減重中的狗狗食用。維生素C能強化免疫力，保護膀胱黏膜。主要成分為水分所以也有利尿的效果。

●胡蘿蔔

是β-胡蘿蔔素的寶庫，與維生素C共同作用能強化膀胱黏膜、防止有害物質入侵，讓身體維持在不易產生尿結石的狀態。

●白蘿蔔

富含維生素C能強化免疫力和保護膀胱黏膜，所含的消化酵素澱粉酶還可促進消化，不過因為不耐熱、酸，所以最好磨成泥食用。

●牛蒡

豐富的膳食纖維能活化整腸作用，將腸內的代謝廢物排出體外。膳食纖維中的木質素成分具有解毒作用。

●小魚乾

魚肉的深色部分含有牛磺酸，能強化肝臟功能和促進排尿，增加狗狗的排尿量，EPA則可讓血液變得更流暢、促進血液循環。維生素B_{12}能輔助葉酸，促進細胞正常生成。

建議

由於維生素A和維生素C是能強化膀胱黏膜並具有保護作用的營養素，因此可儘量多使用當季的黃綠色蔬菜添加在鮮食裡。

【作法】

1 將鯖魚魚肉放入食物調理機內打成魚肉泥，加入太白粉攪拌均勻。

2 白蘿蔔、胡蘿蔔和牛蒡磨成泥。

3 白菜用滾水燙過後以冷水沖洗，切碎後以研磨缽磨碎。

4 鍋裡放入小魚乾和水，開火煮滾之後，以湯匙挖起步驟**1**的魚肉泥一匙一匙放入湯中，煮到魚丸浮起來為止。

5 將磨成泥的牛蒡放入鍋裡後稍微煮沸，並將浮沫撈除。

6 將白飯盛裝在容器中，放上磨成泥的胡蘿蔔、白蘿蔔和白菜，再淋上**5**即可完成。

就這樣恢復活力了！
膀胱炎、尿路結石

＊姓名＊
川本櫻

＊性別＊
女生

＊犬種＊
西高地白㹴

＊年齡＊
8歲

改善前後的身體變化

我在小櫻得了鳥糞石尿路結石的兩年後，因為朋友推薦而決定開始來挑戰自製鮮食。結果才一改吃鮮食，原本努力降下來的尿液pH值就變得一直居高不下，帶去經常就診的動物醫院進行尿液檢查，也被獸醫師說「結晶變多了呢」，讓我心裡大受打擊。想說自己是不是哪裡做錯了，於是向須崎醫師諮詢，結果須崎醫師跟我說：「雖然尿液pH值是目前經常使用的指標，但它其實與本質上的改善並沒有關係。如果想要改善尿路發炎的狀況，就必須從根本解決。」這個說法與我之前認知的完全不一樣，讓我一時之間覺得不知所措。不過最後我還是決定相信須崎醫師的建議，再次嘗試看看。結果繼續餵狗狗鮮食之後的一個月左右，小櫻就沒有再出現血尿了，尿布墊上也不會再看到結晶，尿液檢查結果也顯示結晶都消失了。這種突然展現出來的成果，總覺得好像在變魔術一樣，總而言之之後也都沒有再復發，希望以後也能一直這樣維持下去。

製作鮮食的經驗談

小櫻非常地喜歡吃蔬菜，但對肉類和魚肉的興趣就沒那麼大了，雖然一開始有點擔心營養會不會不夠均衡，不過牠的毛髮依舊很有光澤，身材也很結實，血液檢查結果也都很正常。

治好了！恢復活力了！

食譜實例 12

蘿蔔泥湯飯

烹調重點

「雞肉中含有豐富的維生素A，如果是減重中的狗狗則可以使用去皮的雞胸肉。黃綠色蔬菜含有多量的β-胡蘿蔔素和維生素C，能作用在膀胱黏膜上，讓膀胱處在不易產生結石的狀態，因此很適合大量添加在鮮食中。另外也可加入紅色、黃色或綠色蔬菜（例如紅椒、南瓜、小松菜等）。」

【材料】

●雞腿肉
富含維生素A，在肉類中的含量僅次於肝臟。除了能強化免疫力之外，也能強化膀胱黏膜，能有效預防感染症。

●白飯
能量來源。

●白蘿蔔
富含維生素C能強化免疫力和保護膀胱黏膜，所含的消化酵素澱粉酶還可促進消化，不過因為不耐熱、酸，所以最好磨成白蘿蔔泥食用。

●胡蘿蔔
是β-胡蘿蔔素的寶庫，與維生素C共同作用能強化膀胱黏膜、防止有害物質入侵，讓身體維持在不易產生尿結石的狀態。

●薄削昆布絲
高湯的風味能增加鮮食的嗜口性。含有能活化體內代謝的碘、具利尿作用的鉀和名為海藻酸的膳食纖維能排出體內的代謝廢物。

●小魚乾
魚肉的深色部分含有牛磺酸，能強化肝臟功能和促進排尿，增加狗狗的排尿量，EPA則可讓血液變得更流暢、促進血液循環。維生素B_{12}能輔助葉酸，促進細胞正常生成。

●太白粉水
將鮮食勾芡後更方便狗狗進食。

【作法】

1 將白蘿蔔磨成泥，胡蘿蔔切碎，雞肉切成容易入口的大小。

2 在鍋中放入胡蘿蔔、雞肉、用料理剪刀剪碎的小魚乾和薄削昆布絲，加水蓋過所有食材後燉煮到蔬菜變軟為止，最後再加入太白粉水勾芡。

3 將白飯盛裝在容器中，淋上**2**並放上白蘿蔔泥即可完成。

就這樣恢復活力了！

消化系統疾病、腸炎

＊姓名＊
佐久間小天

＊性別＊
男生

＊犬種＊
約克夏㹴

＊年齡＊
6歲

改善前後的身體變化

小天經常拉肚子跟嘔吐，連經常去看病的動物醫院也不知道原因，只能開一些止瀉和止吐的藥物。不過正當我很擔心這些藥物會有副作用，而想尋求別的方法改變小天的體質時，得知可以嘗試自製鮮食。小天改吃鮮食後，馬上出現的變化就是糞便的顏色和硬度。之前幾乎每天都會出現的拉肚子，漸漸拉長間隔，變成兩天一次，然後是三天一次。然後在吃了三個月左右的鮮食後，就再也沒有拉肚子了。吃飼料時期大約每幾個月就會出現一次的血便，現在也消失了，嘔吐也在改吃鮮食一個月後就再也沒有吐過。小天以前看到我拿著飼料袋的時候都會跑開，現在則是只要我站在廚房，就會用充滿期待的眼神看著我。

製作鮮食的經驗談

我的方式是從葛粉糕（請參考P11）開始，然後再逐漸增加使用的食材。因為小天很適應葛粉糕，每當牠腸胃不好的時候，只要讓牠吃葛粉情況就會好轉。平常的食物我也經常會用葛粉勾芡後再給牠吃。有一次小天拉肚子拉得很嚴重的時候剛好家裡沒有葛粉，只好試著用太白粉勾芡看看，結果也有同樣的效果。幸好小天沒有偏食的習慣，不管給牠吃什麼牠都願意吃得一乾二淨，不過因為牠吃太多的時候也會拉肚子，所以我都很注意餵食的分量。

治好了！恢復活力了！

食譜實例 13

薄削昆布風味之豬肉納豆雜菜粥

烹調重點

「烹煮肉類或魚肉時，選用脂肪含量少的部位，蔬菜則要挑容易消化、纖維柔軟的部分，或是將其切碎或磨成泥。將能夠幫助消化的白蘿蔔做為配料也是不錯的方法。利用葛粉勾芡能夠有效地保護腸黏膜。」

【材料】

●豬絞肉（瘦肉）

豬肉富含能活化身體反應的維生素B群，記得選擇脂肪少的部位做為蛋白質來源。

●雞蛋

蛋黃所含的維生素A對胃腸黏膜有保護作用，還可強化免疫力，有效預防感染症。所含的鋅則具有促進細胞再生及活化多種酵素反應的功能。

●白飯

能量來源。讓白飯吸收大量水分並燉煮到軟爛能夠更容易消化。

●青江菜

含有β-胡蘿蔔素和維生素C，能強化免疫力，保護胃腸黏膜。

●胡蘿蔔

是β-胡蘿蔔素的寶庫，與維生素C共同作用能強化免疫力，保護胃腸黏膜、有效預防感染症。

●納豆

納豆的黏液素有保護胃壁和幫助消化吸收的作用（也可換成秋葵或山藥）。

●薄削昆布絲

高湯的風味能增加鮮食的嗜口性。含有能活化體內代謝的碘和名為海藻酸能整頓腸道環境的膳食纖維。

●小魚乾

所含的EPA可讓血液變得更流暢、促進血液循環。維生素B_{12}能輔助葉酸，促進細胞正常生成。

●太白粉水

推薦使用葛粉，能保護腸黏膜。

建議

也可添加含有維生素U能保護胃腸黏膜的高麗菜、萵苣、洋香菜或蘆筍等蔬菜。狗狗拉肚子的時候也很適合讓牠吃山藥泥。

【作法】

1 鍋中放入切碎的蔬菜、豬肉、薄削昆布絲和用料理剪刀剪碎的小魚乾，加水蓋過所有食材後，燉煮到蔬菜變軟為止，最後再加入太白粉水勾芡。

2 在**1**中以畫圈方式倒入蛋汁，輕輕地攪拌均勻。

3 將白飯盛裝在容器中，淋上**2**並放上納豆即可完成。

就這樣恢復活力了！

消化系統疾病、腸炎

姓名 金田ＢＯＳＳ

性別 男生

犬種 法國鬥牛犬

年齡 3歲

改善前後的身體變化

狗狗從來到我家開始就經常有血便、下痢和黏膜便的情形，在接受過敏原測試後，發現很多食材都是陽性反應，根本呈現沒有食物能夠讓牠吃的狀態。身材也十分消瘦，一吃完飯後肚子就會發出啾嚕啾嚕的叫聲，讓我每天都擔心得不得了。在找不到合適的飼料而煩惱不已的時候，得知可以嘗試幫狗狗製作鮮食，雖然心裡還是會感到不安，但在找不到其他的辦法之下，還是決定開始讓狗狗改吃鮮食。在改吃鮮食之後，雖然血便的症狀消失了，但下痢的情況卻變得更加惡化。還在想說原來連自製鮮食也沒效的時候，沒想到經過十天左右狗狗突然排出成形的糞便，而在三個星期之後，糞便的硬度和色澤都變得十分完美，完美到我想要拿給別人炫耀的地步。或許有些狗狗在改吃自製鮮食之後糞便可以一下子就變得很漂亮，但我們家的ＢＯＳＳ則是多花了一些時間才有所改變。雖然現在每隔好幾個月還是會拉一次肚子，不過幾乎已經是不會令人擔心的狀態了。

製作鮮食的經驗談

試過很多種類的食材後，發現ＢＯＳＳ似乎與番薯最合得來。當然牠現在什麼食物都願意吃，不過每當腸胃不好的時候，只要增加番薯的餵食量情況就會好轉。一開始是把鮮食做成像人類嬰兒食品一樣的泥狀，後來則是一邊觀察糞便的狀態，一邊慢慢增加塊狀食物的比例，現在所吃的則是一般的鮮食。

食譜實例 14

鰹魚豆腐雜菜粥

烹調重點

「利用脂肪含量少的魚肉＋膳食纖維來調整腸內環境。白蘿蔔泥等含有消化酵素的食材能夠一邊保護胃腸黏膜一邊促進消化。為了預防狗狗因為下痢或嘔吐而產生脫水現象，要記得在鮮食中加入大量的水分，也可將鮮食做成泥狀或湯汁的型態。」

【材料】

●鰹魚

鰹魚因為含有豐富的維生素B群，具有增強體力和增進健康的效果。其他魚類諸如脂肪含量少的鱈魚或鮪魚的瘦肉部分，以及鰈魚或比目魚等白肉魚也很推薦。選擇清淡口味的魚種時，可利用小魚乾等做成的高湯增加鮮食的美味，或是另外加入茅屋起司等食物也能刺激狗狗的食慾。

●白飯

能量來源。

白飯燉煮到軟爛能夠更好消化。

●番薯

豐富的膳食纖維能調整腸內環境，由於維生素C包覆在含量豐富的澱粉中能夠減少在水中的流失量，因此能讓狗狗更有效攝取到維生素C，對強化免疫力很有幫助。

●豆腐

大豆製品中特別容易消化的的食材，所含的鋅為細胞生成所需，內含大量水分也很適合腸胃不好的狗狗。

●白蘿蔔

富含維生素C能強化免疫力和保護胃腸黏膜，所含的消化酵素澱粉酶還可促進消化，不過因為不耐熱、酸，所以最好磨成白蘿蔔泥食用。

●舞菇

β-葡聚醣能強化免疫力，膳食纖維能調整腸內環境。

●薄削昆布絲

非常適合添加在含有大量水分的鮮食中，製成高湯後能增加鮮食的嗜口性，名為海藻酸的膳食纖維能調整腸內環境。

●味噌

由於含有大量的乳酸菌和酵母菌等活的微生物，能調整腸內環境、提高腸胃的免疫功能。

建議

為了保護受損的腸胃黏膜，也可添加含有維生素U的高麗菜、萵苣以及含有β-胡蘿蔔素的黃綠色蔬菜會更有效。

【作法】

1 將蔬菜切碎，鰹魚切成容易入口的大小。

2 鍋中放入**1**、白飯、用手捏碎的豆腐、薄削昆布絲和少許味噌，加水蓋過所有食材後燉煮到蔬菜變軟為止。

3 將**2**盛裝在容器中即可完成。

肝病
就這樣恢復活力了！

姓名 橫川鐵

性別 男生

犬種 拉布拉多犬

年齡 5歲

改善前後的身體變化

小鐵的外觀看起來非常健康，但在四歲進行一年一度健康檢查中的血液檢查時，發現牠的GPT為712，ALP為1652，並從那天起開始接受治療。可是肝指數卻一直無法成功地降下來，正在為此煩惱的時候得知還有嘗試自己幫狗狗準備鮮食的方法，於是就開始動手製作。一開始我在鮮食裡加入草藥想要改善牠的體質時，發現先前原本不是很在意的體味在兩個星期內變嚴重，口臭也開始變明顯。等到這些症狀穩定下來後，驗血發現GPT降到127，ALP降到662。接著在改吃鮮食三個月以後，則全部回到正常值，直到現在已經經過一年也維持在正常值內。

製作鮮食的經驗談

小鐵的鮮食主要以脂肪含量少的鱈魚做為優質蛋白質來源，而在知道番薯是預防脂肪肝的優良食材後，就試著利用番薯代替白米作為主要的碳水化合物。也是因為小鐵似乎不太喜歡吃白飯，每次都會刻意剩下，而試過好幾種食材後才發現牠很喜歡吃番薯。後來身為廚師的朋友告訴我「當季食材很重要」，於是我都儘量不使用冷凍食品或室內栽培的食材，而會特意選用當季食材。此外，也因為懷疑小鐵可能有細菌或病毒感染的情形，因此我還會另外添加排毒用的營養補充品。

治好了！恢復活力了！

食譜實例15

鱈魚番薯豆腐羹

烹調重點

「優質的蛋白質是讓肝功能再生的必需品，番薯也可用小芋頭或薏仁飯代替，另外用能強化肝功能的蜆湯代替小魚乾也是不錯的選擇。番薯中含有能預防脂肪肝發生的維生素B_6，若搭配大豆製品、肝臟類食材或雞蛋，還可讓維生素B_6的作用更活性化，提高保肝的效果。但最重要的是別讓狗狗吃太多。」

【材料】

●鱈魚
肝臟功能再生所需的蛋白質來源。

●豆腐
是大豆製品中特別容易消化的的食材，所含的鋅為細胞生成所需、維生素E具抗氧化作用能去除活性氧的毒性、維生素B_2能活化維生素B_6的作用。

●番薯
維生素B_6能抑制脂肪堆積在肝臟中，防止脂肪肝的發生。膳食纖維能幫助身體排出代謝廢物，維生素C包覆在含量豐富的澱粉中能減少在水中的流失量，讓狗狗更有效地攝取到維生素C，對強化免疫力很有幫助。

●胡蘿蔔
是β-胡蘿蔔素的寶庫，與維生素C共同作用能強化免疫力，預防感染症。

●豌豆仁
豌豆仁含有皂苷，具有利尿作用能促進排泄功能，將代謝廢物排出體外。

●鴻喜菇
β-葡聚醣能強化免疫力，膳食纖維能調整腸內環境。

●小魚乾粉
DHA讓血流更順暢，有促進血液循環的效果。維生素B_{12}能輔助葉酸，促進細胞正常生成。

●太白粉水

建議

根據吃肝補肝的理論，若想強化肝臟功能時，使用肝臟做為食材也是一種方法。此外含有甲硫胺酸和牛磺酸的蜆或蛤蜊也是十分推薦的食材。

【作法】

1 將蔬菜切碎，鱈魚切成容易入口的大小。

2 在鍋中放入**1**、小魚乾粉和用手捏碎的豆腐，加水蓋過所有食材後，燉煮到蔬菜變軟為止，最後再加入太白粉水勾芡。

3 將**2**盛裝在容器中即可完成。

腎臟病

就這樣恢復活力了！

姓名
金丸TOY

性別
男生

犬種
蝴蝶犬

年齡
12歲

改善前後的身體變化

TOY在因為要驗心絲蟲而抽血檢查的時候，發現牠的血中尿素氮（BUN）和血清酸酐（Creatine）的數值很高，而且從好幾天前就開始沒有精神、拉肚子和嘔吐，於是開始每天到動物醫院打點滴進行治療。獸醫師建議我餵牠吃腎炎的處方飼料，但牠卻怎麼也不肯吃，就算把飼料磨成粉混在雞肉裡，牠也一副很難吃的樣子而把頭撇向一邊。想要自己煮東西給牠吃補充一些體力，但因為牠有腎臟病又不知道哪些食物才適合，於是向須崎醫師諮詢。從醫師那裡得知：「可能只是因為病原體感染而造成腎臟發炎，所以可以讓狗狗吃去除病原體毒性的營養補充品以及餵牠吃雜菜粥。」於是馬上開始著手製作。開始改吃鮮食的兩個星期後，總覺得TOY好像變得更有活力，而且也停止拉肚子。經過一個月後就不再嘔吐，驗血的結果也顯示腎指數只比正常值高了一些，而在半年之後血液檢查的結果更是已經恢復正常，而且也變得很有活力。

製作鮮食的經驗談

雖然決定要減少蛋白質的量，不過因為沙丁魚胜肽對腎臟病患有良好的效果，所以還是會在鮮食中加入小魚乾。儘管有些擔心鹽分的問題，但須崎醫師說只要和充足的水分一起攝取就幾乎不會有問題，所以就還是照做了。而從結果看來，或許我家狗狗的腎臟問題真的和鹽分沒什麼關係。

治好了！恢復活力了！

食譜實例16

雞肉黃綠色蔬菜雜菜粥

烹調重點

「在限制蛋白質攝取的情況下，比起在鮮食中加入好幾塊大塊的肉塊，最好利用絞肉均勻地混合在鮮食中比較不容易吃剩。若是以植物性蛋白質為主的鮮食，則可利用煮肉或煮魚的高湯來增加鮮食的風味。另外也很推薦使用能強化腎臟功能的沙丁魚。」

【材料】

●雞絞肉

含有維生素A能預防感染症，在限制蛋白質攝取的情況下可加入少量來增加鮮食的風味。也可添加植物性蛋白質中的大豆製品來輔助腎臟的功能。

●白飯

能量來源

●南瓜

含有β-胡蘿蔔素、維生素C、維生素E，能有效強化免疫力，β-胡蘿蔔素也可預防牙周病。

●小松菜

含β-胡蘿蔔素和維生素C能有效強化免疫力，β-胡蘿蔔素也可預防牙周病。

●豆芽菜

主要成分為水，能促進排泄。

●小魚乾

可增加鮮食風味，EPA能讓血流更順暢，還能維持良好的免疫力和抑制發炎。小魚乾也可以用來補充鈣質。

建議

β-胡蘿蔔素（黃綠色蔬菜）可用來預防可能也是腎臟病原因之一的牙周病，EPA、DHA（魚）可減緩腎臟發炎，維生素U（高麗菜）能緩和腸胃不適，若能配合季節選擇這些食材對狗狗也會有所幫助喔。

【作法】

1 蔬菜切碎。

2 鍋中放入**1**、雞肉以及用料理剪刀剪碎的小魚乾，加水蓋過所有食材後燉煮到蔬菜變軟為止。

3 將白飯盛裝在容器中，連同湯汁一起淋上**2**即可完成。

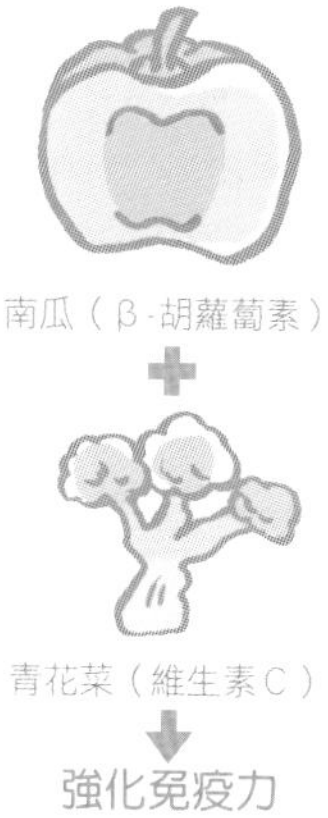

腎臟病

就這樣恢復活力了！

＊姓名＊ 福間丸

＊性別＊ 女生

＊犬種＊ 馬爾濟斯犬

＊年齡＊ 14歲

改善前後的身體變化

我家的狗狗治療尿毒症已持續了快要一年，雖然血清酸酐（Creatine）一直沒什麼問題，但血中尿素氮（BUN）的數值卻一直不斷地上上下下。主治醫師也試過很多種治療方式，除了開藥改善血液循環外，也嘗試過各種飼料，但就是無法改善。當我覺得治療無望已想放棄的時候，得知自製鮮食這種方法，想說「說不定藉由飲食療法改善體質後，也能改善腎臟的功能」，於是開始幫狗狗製作鮮食。改吃鮮食後馬上出現的變化是尿液的排尿量、顏色和氣味，原本小丸排出的尿液是深黃色且味道很重，但改吃鮮食的當天就變成排出大量淺色透明的尿液。而隨著尿液愈來愈稀薄，牠也變得愈來愈有活力。而在五個月之後BUN也回到正常的數值範圍內，連主治醫師都感到很不可思議，幸好我有接觸到自製鮮食。

製作鮮食的經驗談

就連身體不是很舒服的小丸，只要一看到我站在廚房準備煮東西就會靠過來，彷彿在問「是在準備我的飯嗎」。選用據說對腎臟很好的沙丁魚，而對於令人擔心的鹽分問題，則是遵照須崎醫師「只要配合大量的水分與鉀（蔬菜中的含量很多）就不會有問題」的建議餵食。蔬菜我會儘量切碎以便更好消化，另外因為聽說豆類對腎臟也很好，所以我也會煮軟後壓碎加在鮮食裡。

治好了！恢復活力了！

食譜實例 17

芝麻風味沙丁魚雜菜粥

烹調重點

「一般認為沙丁魚所含的沙丁魚胜肽能強化腎臟的功能，若是無法買到沙丁魚的季節，也可用沙丁魚做的小魚乾代替。豆類因為外型與腎臟相似而被認為是對腎臟很好的食材，可選用當季的豆類加在鮮食裡。而為了排出身體的代謝廢物，富含膳食纖維的蓮藕也是不錯的食材。」

【材料】

●沙丁魚
含沙丁魚胜肽能強化腎臟功能，EPA、DHA能維持良好免疫力並抑制發炎，EPA同時還能讓血流更順暢、促進血液循環。

●白飯
能量來源

●羊栖菜
膳食纖維能幫助身體將代謝廢物排出體外，此外因為富含鎂和鋅等容易消耗的礦物質，如果和菇類一起食用對強化免疫力的效果會更好。

●蓮藕
維生素C能有效強化免疫力，且因為維生素C包覆在澱粉內所以不易流失到水中。膳食纖維能排出代謝廢物，黏液素能保護胃腸黏膜。

●胡蘿蔔
β-胡蘿蔔素的寶庫，與維生素C共同作用能強化免疫力，有效預防感染。

●芝麻油
維生素E具有抗氧化作用，omega-3脂肪酸能抑制發炎。

建議

配合季節還可添加豆類、冬瓜或小黃瓜等具有利尿作用的蔬菜。

【作法】

1 首先將沙丁魚肉用食物調理機打成泥狀。

2 在鍋中倒入芝麻油加熱，放入**1**、切碎的蔬菜和羊栖菜後稍加翻炒。

3 加水蓋過所有食材後燉煮到蔬菜變軟為止。

4 將白飯盛裝在容器中，連同湯汁一起淋上**3**即可完成。

肥胖 就這樣恢復活力了！

＊姓名＊ 黑川胡桃

＊性別＊ 女生

＊犬種＊ 米格魯小獵犬

＊年齡＊ 7歲

改善前後的身體變化

大概是因為米格魯的特性關係，胡桃的胃就像是無底洞一樣非常愛吃。光吃狗食還不夠，還會經常跟我們要求肉乾之類的零食，看牠吃得那麼開心，我們家人也經常如牠所願的餵牠，但因為我們家有五個人，每個人都各自餵牠吃零食的結果，現在想起來熱量根本完全超標。後來我從雜誌上看到自製鮮食很適合用來幫狗狗減重，於是迫不及待地從當天就開始動手。最先出現變化的是體味和尿臭味，改吃鮮食的第二天臭味變得非常重而且還變得有點沒精神，導致全家人都開始動搖，不過想到這說不定是一種「排毒現象」而決定再觀察看看，結果三天後臭味就消失而且也恢復活力了。經過四個月以後，胡桃的身材變得更結實也出現腰身。

製作鮮食的經驗談

自製鮮食因為含有大量的水分，會比飼料更有飽足感，所以胡桃吃得很高興。我會利用高麗菜增加鮮食的體積，並且將根莖類蔬菜磨成泥混入其中，動物性蛋白質則是選用健康養身的魚肉。自己比較忙碌的時候會一次多煮一些然後把鮮食冷凍保存，雖然要用微波爐解凍後才能餵食，不過並不會有什麼特別的問題。平時則是利用蔬菜棒當作零食，有飽足感又不會讓狗狗變胖，很適合給肥胖的狗狗在肚子餓的時候吃。血液檢查的結果也都很正常。

食譜實例 18

鮭魚納豆糙米雜菜粥

烹調重點

「使用富含膳食纖維的蔬菜或海藻可以排出體內累積的代謝廢物，還可添加低熱量具有飽足感的豆腐渣。同時含有維生素B_1和B_2的小魚乾，能促進醣類與脂質的代謝，煮出來的高湯很適合減重時食用。」

【材料】

●鮭魚
含有EPA能讓血流更順暢並促進血液循環，維生素B_2能促進脂質代謝。

●糙米
含有豐富的維生素和礦物質，比白米含有更多的膳食纖維，能幫助身體將代謝廢物排出體外。

●納豆
所含的亞麻油酸能降低膽固醇濃度，皂苷能促進體內的脂質代謝，是非常適合減重時期的食材。

●高麗菜
膳食纖維能將代謝廢物排出體外。

●胡蘿蔔
膳食纖維能將代謝廢物排出體外。

●馬鈴薯
含有豐富的澱粉可用來代替白飯，另外含有維生素B_1且膳食纖維含量豐富的南瓜或番薯也很適合。利用馬鈴薯、番薯或南瓜可減少白飯的餵食量，達到降低鮮食熱量的效果。

●白蘿蔔
膳食纖維能將代謝廢物排出體外。

●香菇
膳食纖維能將代謝廢物排出體外，低熱量加上還可消除便祕，是很適合用在減重時期的食材。

●薄削昆布絲
適合添加在含有大量水分的鮮食裡，高湯的風味能增加鮮食的嗜口性。含有能活化體內代謝的碘，名為海藻酸的膳食纖維能調整腸內環境。

建議

雖然減重時必須控制油脂的攝取量，但植物油能降低血中膽固醇並有助於消除便祕，因此也可少量添加在鮮食中。

【作法】

1 將蔬菜切碎，鮭魚切成容易入口的大小。

2 鍋中放入**1**、煮好的糙米飯和薄削昆布絲，加水蓋過所有食材後燉煮到蔬菜變軟為止。

3 將**2**盛裝在容器中並放上納豆即可完成。

肥胖
就這樣恢復活力了！

＊姓名＊ 川村栗子

＊性別＊ 女生

＊犬種＊ 臘腸犬

＊年齡＊ 5歲

改善前後的身體變化

栗子從小就不是很活潑好動，可是卻有著旺盛的食慾，結果就是變成了一隻胖狗狗。我從牠三歲起開始餵牠吃老犬飼料，可是栗子依舊沒有瘦下來，後來在須崎醫師的網頁上看到身材苗條的臘腸犬照片，就想說來挑戰自製鮮食看看。

幸好栗子對我做的鮮食也很捧場，沒有白費我的苦心。改吃鮮食後栗子並沒有出現別隻狗狗經常會有的排毒症狀，然後就跟網站上所說的一樣，半年後身材真的變苗條了。

我們全家都對這個效果感到很驚訝，而隨著身材逐漸瘦下來，栗子也變得愈來愈有活力，從牠來到我家開始，從沒見牠這麼有活力過，感覺現在才發現「原來牠是隻這樣的狗狗啊」。

不知道是不是自製鮮食的效果還是其他原因，總之現在在路上遇到散步認識的狗友，他們都會驚訝我做了怎麼，讓牠變得這麼有活力和以前完全不一樣。

製作鮮食的經驗談

我會特別注意把食材切碎以免狗狗噎到，另外因為膳食纖維對減重很有幫助，而且栗子又有一點過敏體質，所以我會加入含有膳食纖維又能強化免疫力的菇類。須崎醫師的書中有寫到：「減重期的狗狗很適合食用小魚乾做為動物性的蛋白質來源。」因此我也會加入小魚乾。由於我對數字不太在行，所以完全沒有進行鮮食的營養計算工作，而是儘量使用多元化的食材。

治好了！恢復活力了！

食譜實例 19

雞肉親子雜菜粥

烹調重點

「雞肉中含有均衡的必需胺基酸，其中甲硫胺酸能預防脂肪堆積在肝臟裡。由於雞皮含有較多的脂肪，烹調時最好將皮去除。其中，雞胸肉、雞里肌肉和雞胗都屬於低脂肪的部位。雞肉＋膳食纖維能夠幫助狗狗健康地減重。」

【材料】

●雞絞肉
甲硫胺酸能預防脂肪堆積在肝臟裡，雞肉的脂質含亞麻油酸能降低膽固醇。

●雞蛋
高營養價值的優質蛋白質來源。

●白飯
能量來源，加入糙米或雜糧能增加膳食纖維的攝取量。

●胡蘿蔔
膳食纖維能將代謝廢物排出體外。

●白蘿蔔
膳食纖維能將代謝廢物排出體外。

●木耳
碘能促進全身的基礎代謝，豐富的膳食纖維有整腸作用，因為不易消化所以烹調時最好儘量切碎。

●白木耳
碘能促進全身的基礎代謝，豐富的膳食纖維有整腸作用，因為不易消化所以烹調時最好儘量切碎。

●舞菇
膳食纖維能將代謝廢物排出體外，低熱量加上還可消除便祕，是很適合用在減重時期的食材。

●鴻喜菇
膳食纖維能將代謝廢物排出體外，低熱量且能有效消除便祕。

●薄削昆布
高湯的風味能增加鮮食的嗜口性。含有能活化體內代謝的碘，名為海藻酸的膳食纖維能調整腸內環境。

●小魚乾粉
同時含有維生素B_1和B_2的小魚乾能促進醣類和脂質的代謝。

【作法】

1 將蔬菜切碎。

2 在鍋中放入**1**、雞肉、薄削昆布絲和小魚乾粉，加水蓋過所有食材後燉煮到蔬菜變軟為止，最後以繞圈方式倒入蛋汁。

3 將白飯盛裝在容器中，連同湯汁一起淋上**2**即可完成。

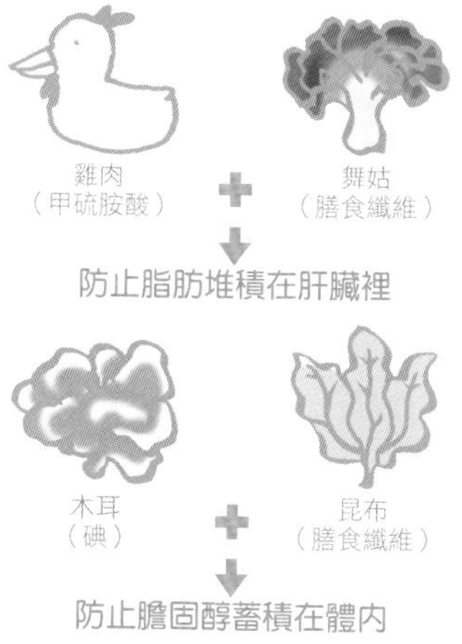

關節炎

就這樣恢復活力了！

姓名 南NOEL
性別 女生
犬種 臘腸犬
年齡 7月齡

改善前後的身體變化

　NOEL在三個月大來到我家的時後就有非常明顯的淚痕，不管怎麼擦也擦不乾淨。當時想會不會是因為飼料的關係，剛好牠也不愛吃乾飼料，於是決定趁著這個機會開始讓牠改吃自製鮮食。改吃鮮食後NOEL就不再流眼淚，淚痕也在一～兩個星期後消失。不過在牠六個月大的時候，因為走路姿勢怪怪的而帶牠去照X光，結果發現牠的關節生長得並不穩定。

　在醫師開吃止痛藥讓牠吃的同時，為了利用鮮食幫助牠的骨骼發育，我也在鮮食裡加入富含鈣質的小魚乾粉。雖然當時醫師說可能要進行手術，不過後來並沒有出現什麼特別嚴重的問題，即使將止痛藥減量後的現在，看起來也像沒有任何問題一樣走路的步伐變得很正常。

製作鮮食的經驗談

　我參考須崎醫師著作的內容，除了儘量多使用各種不同的食材之外，因為有些食材在加熱過程中會有維生素或酵素流失的情形，因此除了熟食之外，也會加入少量的生菜。而除了淚痕之外，因為懷疑NOEL的前腳關節有問題，所以會在鮮食裡加入對骨骼、關節有幫助的小魚乾粉。由於電子鍋的煮粥功能十分方便，因此一般我都是使用電子鍋來製作鮮食。雖然這種方式不太適合一餐一餐地煮，但一次烹煮好幾天的分量對我來說反而非常方便。

治好了！恢復活力了！

食譜實例 20

雞肉黃綠色蔬菜多彩雜菜粥

烹調重點

「為了增強肌力，必須讓狗狗攝取到足夠的蛋白質，如果狗狗的身材有點胖的話，建議可使用低脂肪的蛋白質來源來預防肥胖。另外可添加含有抗氧化物質可抑制發炎的食材如番茄（番茄紅素）、植物油（維生素E）、黃綠色蔬菜（β-胡蘿蔔素）。此外，含有軟骨素或葡萄糖胺的軟骨或具有黏性的食材對關節也很好。」

【材料】

●**雞里肌肉**
為了預防肥胖、減輕關節負擔，最好挑選低脂肪的肉類。

●**原味優格**
補充鈣質，讓骨骼更強壯。

●**白飯**
能量來源。

●**南瓜**
含有抗氧化物質維生素E和β-胡蘿蔔素能抑制發炎，維生素C能幫助膠原蛋白生成，強化骨骼和肌肉。

●**番茄**
含有番茄紅素和β-胡蘿蔔素能抑制發炎，維生素C能幫助膠原蛋白生成，強化骨骼和肌肉。

●**小黃瓜**
含有名為異槲皮素的成分，具有利尿作用和幫助身體將代謝廢物排出體外的效果。

●**高麗菜**
膳食纖維能幫助身體將代謝廢物排出體外。

●**羊栖菜**
膳食纖維能幫助身體將代謝廢物排出體外，此外因為富含鎂和鋅等容易消耗的礦物質，如果和菇類一起食用對強化免疫力的效果會更好。

●**小魚乾粉**
同時含有維生素B_1和B_2的小魚乾能促進醣類和脂質的代謝，很適合減重中的狗狗食用。

【作法】

1 將蔬菜切碎，雞里肌肉切成容易入口的大小。

2 鍋中放入白飯、雞里肌肉、南瓜、高麗菜、羊栖菜和小魚乾粉，加水蓋過所有食材後燉煮到蔬菜變軟為止。

3 將**2**盛裝在容器中，上面再放上小黃瓜、番茄和優格即可完成。

就這樣恢復活力了！
糖尿病

＊姓名＊ 吉川JOHN
＊性別＊ 男生
＊犬種＊ 馬爾濟斯犬
＊年齡＊ 9歲

改善前後的身體變化

JOHN從四歲開始就一直被別人說胖，後來因為出現多喝多尿的症狀，帶去動物醫院抽血檢查後發現牠的血糖值很高，被診斷出罹患糖尿病。後來雖然在降血糖藥物和飲食療法的控制下獲得改善，但在六歲的時候又再度復發，必須靠飲食療法和注射針劑來控制血糖。不過因為我很擔心藥物的副作用，而且不想一直讓牠吃處方飼料，於是決定開始讓牠改吃自製鮮食。在吃鮮食的過程中，JOHN雖然吃很多但身材卻開始健康地瘦下來，而且散步時腳步也更加有力，我們開始期待或許這個方式真的可以改善牠的糖尿病。而在改吃鮮食的半年之後，血液檢查結果也真的變正常了。到現在為止已經過了兩年，目前JOHN只靠著飲食療法就能把血糖維持在正常值。

製作鮮食的經驗談

在得知蔬菜、海藻等含有膳食纖維的食物以及納豆等黏性食品能幫助控制血糖之後，我曾幫牠煮過一次只加了蔬菜的雜菜粥，結果JOHN光聞就不想吃，於是我只好加入雞肉或小魚乾來讓鮮食變得更香更有味道。另外，蔬菜漢堡或蔬菜魚丸也是能夠維持狗狗身材的方便食譜。

由於須崎醫師說過：「讓糖尿病狗狗的胰臟有時間能夠休息是非常重要的工作，成犬的話一天只要餵一餐就很足夠了。」因此我也照做。但一開始我感到非常地不安，不過因為結果真的有獲得改善，所以我也安心了。

食譜實例21

雞肉滑蛋雜菜粥

烹調重點

「為了限制熱量可以在鮮食中加入能增加飽足感的豆腐渣或番薯，讓狗狗比較不會感到肚子餓。而糙米飯或雜糧飯比白飯含有更豐富的膳食纖維。也別忘了加入可以預防感染症的黃綠色蔬菜。」

【材料】

●雞絞肉
必需胺基酸含量均衡的優質蛋白質，去皮後即為低脂肪的肉類。

●雞蛋
高營養價值的優質蛋白質來源。

●白飯
能量來源，建議使用能輔助胰臟功能的小米飯。

●豆腐渣
含有豐富的膳食纖維能幫助身體將代謝廢物排出體外，同時也提供飽足感。

●白蘿蔔
富含維生素C能強化免疫力和保護胃腸黏膜，所含的消化酵素澱粉酶還可促進消化，不過因為不耐熱、酸，所以最好磨成白蘿蔔泥食用。

●胡蘿蔔
含有豐富的β-胡蘿蔔素能有效預防感染症，同時還具有降低血糖的效果。

●乾燥羊栖菜
膳食纖維能幫助身體將代謝廢物排出體外，此外因為富含鎂和鋅等容易消耗的礦物質，如果和菇類一起食用對強化免疫力的效果會更好。

●魩仔魚乾
增加鮮食風味。

●芝麻油
含有抗氧化作用的維生素E。

●太白粉水

建議

另外也可使用含有維生素B_1能促進醣類代謝的南瓜、大豆製品、糙米、小魚乾，以及含有鉀能促進排尿、幫助身體將代謝廢物排出的小黃瓜、冬瓜、山藥或紅豆等食材。

【作法】

1 將蔬菜和乾燥羊栖菜切碎。

2 在鍋中倒入芝麻油加熱，放入**1**、雞肉和魩仔魚輕輕翻炒，接著加水蓋過所有食材後燉煮到蔬菜變軟為止，最後以劃圈方式倒入蛋汁後稍加攪拌。

3 將白飯盛裝在容器中，連同湯汁一起淋上**2**即可完成。

心臟病

就這樣恢復活力了！

＊姓名＊ 紺野娜娜

＊性別＊ 女生

＊犬種＊ 查理士王小獵犬

＊年齡＊ 9歲

改善前後的身體變化

娜娜在五歲進行定期健康檢查的時候，醫師說：「牠有心雜音，是查理士王小獵犬特有的心臟病。」同時也因為牠體型過胖，因此開始讓牠吃減肥飼料和服用心臟病的藥物。可是娜娜討厭吃減肥飼料也討厭吃藥，正在煩惱的時候得知可以餵狗狗吃鮮食，於是就一邊帶狗狗去給經常看病的獸醫師檢查，一邊開始嘗試製作鮮食。結果才一換成鮮食牠就變得非常愛吃飯，本來還擔心這樣會不會更胖，結果牠的身材卻開始逐漸瘦下來。本來也擔心會不會有糖尿病的問題，血檢結果也是正常。就在吃鮮食的過程中，娜娜的身材漸漸變成理想的體型。而隨著每天餵牠吃自製鮮食，娜娜的毛髮光澤和眼神的光彩變得越來越漂亮。更驚訝的是改吃鮮食一年後，心雜音也消失了，連經常看病的獸醫師也不知道原因，不過我想應該是飲食的功勞。

製作鮮食的經驗談

由於有很多心臟病的原因尚未明瞭，在不明原因的情況下似乎也只能採取對症療法。而我都是儘量選用能讓血流更順暢、不會對心臟造成負擔的食材給娜娜吃。剛好當時因為家父患有高脂血症和動脈硬化而正在接受飲食療法的指導，因此我都使用相同的食材，有調味的給家人吃，沒調味的給娜娜吃，目前全家人都很健康地生活著。

治好了！恢復活力了！

食譜實例22

蛤蜊高湯納豆雜菜粥

烹調重點

「推薦使用含有EPA、DHA的魚肉，具有促進血液循環和降低血壓的效果，而含有輔酶Q_{10}的青花菜、花椰菜和菠菜等蔬菜則可強化心臟功能。另外也建議加入黃綠色蔬菜，所含的β-胡蘿蔔素能預防牙周病。」

【材料】

●**水煮蛤蜊**
所含的牛磺酸能預防動脈硬化，鮮味成分的琥珀酸可抑制血中膽固醇濃度的上升。

●**白飯**
能量來源。最好使用含有膳食纖維的雜糧飯，能夠將血液中多餘的脂質排出體外。

●**胡蘿蔔**
含有豐富的β-胡蘿蔔素能有效預防感染症。

●**納豆**
納豆菌裡含有豐富的酵素，同時還具有利尿作用，另外還有維生素E能預防動脈硬化。

●**薑**
具有抗菌效果。

●**薄削昆布絲**
高湯的風味能增加鮮食的嗜口性。含有能活化體內代謝的碘，名為海藻酸的膳食纖維能調整腸內環境。

●**日式高湯粉**
增加鮮食風味

【作法】

1 將蔬菜和乾燥羊栖菜切碎。

2 鍋中放入**1**、蛤蜊、白飯、薄削昆布絲和少量的日式高湯粉，加水蓋過所有食材後燉煮到蔬菜變軟為止。關火之後加入薑末輕輕攪拌均勻。

3 **2**盛裝在容器中，上面再放上納豆即可完成。

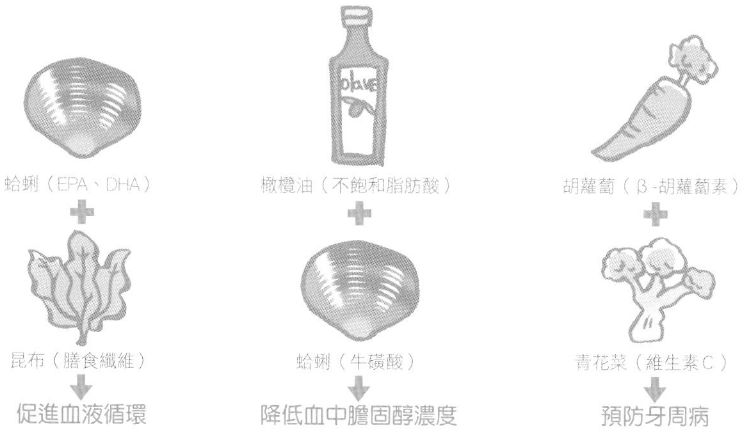

白內障

就這樣恢復活力了！

＊姓名＊ 工藤威廉
＊性別＊ 男生
＊犬種＊ 臘腸犬
＊年齡＊ 9歲

改善前後的身體變化

威廉在六歲進行健康檢查的時候被診斷出「開始有白內障的現象」。因為牠還年輕，就算無法改善至少也要找出方法讓牠不要繼續惡化下去，這個時候我在烹飪教室認識的朋友介紹須崎醫師給我，於是我馬上去向醫師進行諮詢。由於醫師告訴我：「若是白內障的初期階段，有可能還來得及改善。」因此不管結果好壞，我決定試試看自製鮮食。因為我原本有餵威廉吃一些據說對狗狗不太好的食材當作零食，所以猜想那會不會是原因之一。另外也因為威廉對食物的好惡很分明，所以本來還擔心牠會不會不肯吃鮮食，結果完全是白費擔心，威廉一看到鮮食就以之前從未見過的旺盛食慾，馬上把鮮食一掃而空。我每天觀察牠的眼睛，雖然沒看出什麼明顯的變化，但還是覺得白色似乎有一點點變淡的感覺。然後在八歲進行健康檢查的時候，另一家動物醫院（因為搬家所以換醫院）的獸醫師告訴我「狗狗沒有白內障唷」，雖然我不知道是不是因為我有及早因應的關係，不過想起來還是覺得幸好我沒有放棄。

製作鮮食的經驗談

因為維生素A、維生素C和抗氧化物質對眼睛的健康很重要，因此我經常會使用南瓜或青花菜等食材。動物性食材則遵照須崎醫師「雞肉或豬肉都可以」的建議來使用。一開始還擔心狗狗能否順利消化，不過現在看起來就算是大量的蔬菜威廉似乎也都能順利吸收的樣子。

治好了！恢復活力了！

食譜實例23

雞肉青花菜雜菜粥

烹調重點

「針對白內障，最好選用含有維生素A和維生素C能維持眼睛健康的食材，以及具有抗氧化作用能夠去除活性氧的食材。」

【材料】

●雞絞肉

含有維生素A，有維持眼睛健康的效用，若要添加其他的動物性食材還可選用肝臟類的食材。

●白飯

能量來源。

●青花菜

富含維生素C能強化免疫力，由於眼睛需要大量的維生素C，因此很適合白內障初期的狗狗食用。此外還含有β-胡蘿蔔素和蘿蔔硫素能抑制活性氧的產生。花椰菜也含有豐富的維生素C。

●南瓜

含有β-胡蘿蔔素、維生素C和維生素E，能去除活性氧和防止老化。

●小魚乾粉

沙丁魚的小魚乾含有EPA能抑制發炎、強化免疫力。

建議

身為β-胡蘿蔔素寶庫的胡蘿蔔也很適合給白內障的狗狗食用，而鮭魚所含的蝦青素具有強力的抗氧化作用，也是極佳的食材。

【作法】

1 將蔬菜切碎。

2 在鍋中放入**1**、雞肉和小魚乾粉，加水蓋過所有食材後，燉煮到蔬菜變軟為止。

3 白飯盛裝在容器中，連同湯汁一起淋上**2**即可完成。

外耳炎

就這樣恢復活力了！

＊姓名＊ 若宮海渡

＊性別＊ 男生

＊犬種＊ 玩具貴賓犬

＊年齡＊ 2歲

改善前後的身體變化

海渡的問題是軟便和外耳炎（可是很討厭我們幫牠點耳藥），而隨著改吃鮮食之後，原本的軟便變得軟硬適中，外耳炎則變得有季節性，到了秋冬季的時候症狀就會消失。我猜想這或許跟我們家沒有冷氣因此濕度比較高有關。

製作鮮食的經驗談

因為每天都要幫狗狗煮鮮食，所以我判斷如果每次都要

治好了！恢復活力了！

食譜實例 24

雞肉蔬菜雜菜粥

烹調重點

「蛋白質來源可選擇富含維生素A的雞肉或是含有EPA能抑制發炎和預防過敏的魚肉。若要增加鮮食的風味也可加入貝類煮出來的高湯。夏季蔬菜的膳食纖維能幫助身體排出代謝廢物並具有利尿作用，很適合加在鮮食裡來促進狗狗排尿。而植物油能輔助EPA的效用，加在鮮食中能讓效果更好。」

【材料】

●雞胸肉

富含維生素A能維持皮膚或黏膜的健康，蛋白質來源。

●南瓜

含有β-胡蘿蔔素、維生素C和維生素E，能強化免疫力，守護皮膚的健康。膳食纖維能夠幫助身體排出代謝廢物。

●白蘿蔔

富含維生素C能強化免疫力和保護胃腸黏膜，所含的消化酵素澱粉酶還可促進消化，不過因為不耐熱、酸，所以最好磨成白蘿蔔泥食用。膳食纖維能幫助身體排出代謝廢物。

●番茄

鉀可促進排尿，番茄紅素具有強力抗氧化作用，能抑制活性氧的產生。

計算那些營養成分或是做得太複雜的話，那我一定無法持續下去，因此決定只要簡單地實踐就好。而須崎醫師「不需要像寵物飼料那樣精密地計算」的簡單方式正適合我們家。此外，因為常去就診的動物醫院告訴我可能會有食物過敏的問題，因此我很注意不要長期使用同一種食材（尤其是蛋白質來源），但醫師也告訴我「不要針對這一點太神經質」，所以我只控制肉類每天約使用50公克左右的分量（海渡體重不到四公斤），其他太複雜的事情則不考慮。幸好狗狗對肉類沒出現什麼問題而且症狀也獲得改善。

●乾香菇

β-葡聚醣能強化免疫力，膳食纖維能調整腸內環境。

●乾櫻花蝦

含有EPA能預防過敏，蝦青素具有強力的抗氧化作用。

【作法】

1 鍋中放入切碎的蔬菜、乾香菇、櫻花蝦和切成容易入口大小的雞肉，加水蓋過所有食材後燉煮到蔬菜變軟為止。

2 將**1**盛裝在容器中，放上磨成泥的胡蘿蔔、小黃瓜和切碎的洋香菜，再加入少許亞麻仁油。營養補充品也一同放入讓狗狗食用。

配料

【材料】

●胡蘿蔔

β-胡蘿蔔素、維生素C能維持皮膚健康、預防感染症。

●小黃瓜

維生素C能維持皮膚健康，名為異槲皮素的成分具有利尿作用，能幫助身體將代謝廢物排出體外。

●洋香菜

β-胡蘿蔔素、維生素C能維持皮膚健康、預防感染症。

●亞麻仁油

含有α-次亞麻油酸，能輔助EPA的預防過敏功效。

【作法】

1 將胡蘿蔔、小黃瓜磨成泥，洋香菜切碎。

2 準備少量亞麻仁油滴在鮮食上。

【給狗狗吃的營養補充品】

●MAGIC POWDER＊

果實的胚乳可用來對抗病原

＊（譯註：須崎動物醫院的特製商品）。

●消化酵素

幫助消化、增強體力。

●蜜蜂花粉

天然維生素、礦物質的寶庫。

就這樣恢復活力了！

跳蚤、壁蝨、外寄生蟲感染

＊姓名＊ 中村布丁

＊性別＊ 女生

＊犬種＊ 玩具貴賓犬

＊年齡＊ 3歲

改善前後的身體變化

布丁從來到我們家的第一天起體臭就一直很嚴重，出去散步時也很容易有跳蚤或壁蝨寄生，雖然用了防跳蚤、壁蝨的藥物後的確有效，但用藥的部位卻有脫毛的現象，而因為擔心所以就讓牠停藥了。這時我從朋友口中得知自製鮮食似乎對狗狗很好，所以馬上就著手進行。從改吃鮮食的那一天起布丁的體臭變得更嚴重，而且還排出了大量的惡臭尿液。雖然心裡感到有些不安，不過這些現象在五天後就消失了，我想這一定是因為把身體裡累積的東西排出去的緣故。此外布丁在改吃鮮食後還開始出現驚人地大量掉毛，但在半年後卻重新長出了漂亮的毛髮。從改吃鮮食至今已經過了一年，布丁現在既沒有體臭，這個夏天也沒有出現跳蚤、壁蝨寄生的問題，幸虧我當初有決定要讓牠改吃自製鮮食。

製作鮮食的經驗談

跳蚤、壁蝨之所以喜歡寄生在狗狗身上，其中一個原因就是體臭，而這種體臭主要是因為體內累積了很多廢物所造成，因此我會特別注意如何去幫狗狗排毒。在知道可以讓狗狗吃當季的蔬菜後，我都儘量挑選農藥（據說）較少的食材給牠吃。由於布丁在吃湯汁很多的鮮食時嘴巴周圍會變得很髒而且容易發癢，在學到用炒飯或拌飯的方式就不會有這種問題後，現在都是以這種方式製作，而即使是這種鮮食，布丁的尿液也依舊是淺色的良好狀態。

治好了！恢復活力了！

食譜實例25

牛肉黃綠色蔬菜炒飯

烹調重點

「為了預防跳蚤、壁蝨的寄生，可使用富含膳食纖維和鉀的蔬菜，藉由利尿作用將身體的代謝廢物排出體外。另外含有維生素A和生物素能守護皮膚健康的肝臟類食材也很推薦使用。由於大蒜的氣味具有驅蟲效果，可在觀察狗狗健康狀態的同時，少量餵食看看。」

【材料】

●牛肉
維生素B_6能減輕過敏症狀。

●雞蛋
富含維生素A和生物素，能維持皮膚的健康，是必需胺基酸含量均衡的蛋白質來源。

●胡蘿蔔
是β-胡蘿蔔素的寶庫，能維持皮膚健康、強化免疫力。

●高麗菜
膳食纖維能幫助身體排出代謝廢物。

●香菇
β-葡聚醣能強化免疫力，膳食纖維能調整腸內環境。

●小松菜
β-胡蘿蔔素能維持皮膚健康、強化免疫力。

●芝麻油
維生素E的抗氧化作用能抑制活性氧的產生。

●大蒜
含硫成分具有驅蟲效果。

建議

若可添加含有皂苷能促進排尿的大豆製品、含有鉀的薯類、小黃瓜、冬瓜等夏季蔬菜、以及含有木質素能促進代謝廢物排出的牛蒡，排毒效果會更好。

【作法】

1 將蔬菜和牛肉切碎。

2 在碗裡放入白飯和蛋汁，攪拌均勻備用。

3 鍋中倒入芝麻油加熱，加入少量的蒜泥爆香，之後放入**1**翻炒均勻。

4 在**3**中加入**2**翻炒均勻即可完成。

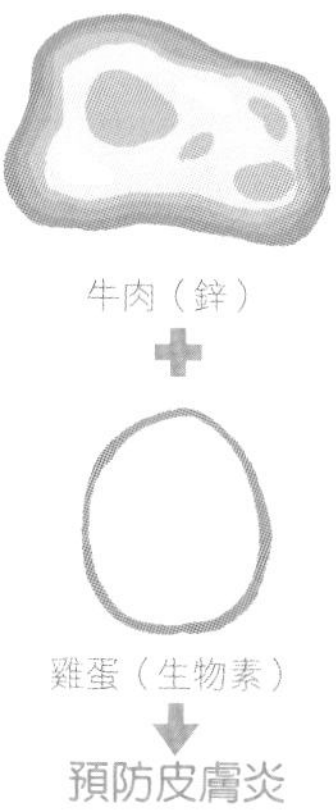

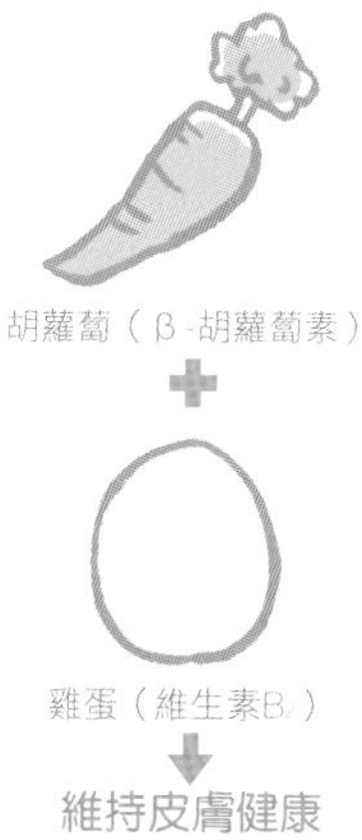

過度消瘦

就這樣恢復活力了！

＊姓名＊ 加藤帕魯

＊性別＊ 女生

＊犬種＊ 德國狼犬

＊年齡＊ 5歲

改善前後的身體變化

帕魯從小身體就不好，雖然食慾很旺盛卻一直瘦骨嶙峋都不長肉。雖然試過好幾種狗狗飼料，也有帶牠到動物醫院檢查，但就是查不出什麼特定的原因。一開始我並不是很想把食物全部換成鮮食，但在經過四年不斷嘗試錯誤後依舊無法得到良好結果的情況下，我決定還是要試試看，於是讓狗狗接受須崎醫師的治療，同時還獲得許多飲食上的建議。

接受治療的第一個月時，帕魯的背部長出了一顆一顆的疙瘩，而且全身上下還到處掉毛，看起來非常恐怖，但在經過兩個月之後，疙瘩開始漸漸消失，三個月後毛髮就開始長出來了。更讓人驚訝的是帕魯的體重開始漸漸增加，居然達到當時的目標體重25公斤！而根本原因就是醫師找出來的腸內細菌問題，這段期間就像是在跟細菌進行拉鋸戰一樣，感覺一戰勝這個問題後帕魯一下子就大為好轉。現在帕魯不但身上都有長肉，毛髮也變得很有光澤。

製作鮮食的經驗談

由於醫師告訴我說飲食並不會讓狗狗有急遽的變化，所以必須要看長遠一點，從正面的意義來說也就是適度地準備就好，不要太神經質。使用的材料和自己要吃的食物一樣，而且當天的菜單要用雞肉還是魚肉還經常取決於超市的限時拍賣，像這種方式也幫我節省不少花費。之後再視狗狗的情況或症狀加以調整，有時也會添加營養補充品。總之幸好我沒有放棄，能堅決與病因對抗到底。

治好了！恢復活力了！

食譜實例 26

雞肉秋葵雜菜粥

烹調重點

「餵食的分量只要狗狗吃得下就可試著每天增量，若吃不完的話可把其中一餐的蛋白質（肉或魚）和醣類（白飯、薯類）的比例增加。另外植物油也可作為有效的熱量攝取來源。」

【材料】

●雞絞肉（有時也用豬肉或魚肉）

富含維生素A的蛋白質來源，能維持皮膚和黏膜的健康。若使用的是脂肪較少的部位時，可再添加一些植物油。

●白飯

能量來源，添加的蔬菜中若能使用馬鈴薯、小芋頭等富含澱粉的蔬菜，或是大豆之類的豆類製品，也可增加熱量的攝取量。

●小松菜

β-胡蘿蔔素能維持皮膚的健康，強化免疫力。

●香菇

β-葡聚醣能強化免疫力，膳食纖維能調整腸內環境。

●胡蘿蔔

是β-胡蘿蔔素的寶庫，能維持皮膚健康、強化免疫力。

●秋葵

含有β-胡蘿蔔素和維生素C能強化免疫力，維持皮膚健康。膳食纖維能幫助身體排出代謝廢物。

●南瓜

蔬菜中醣類含量極為豐富的食材，其他像是玉米的醣類含量也很高。

建議

香蕉或奇異果等水果的糖分也很豐富，可做為鮮食中的能量來源，另外平常也可將水果當作零食餵給狗狗。

【作法】

1 鍋中放入切碎的蔬菜並加水蓋過食材表面後燉煮到蔬菜變軟為止。

2 蔬菜煮軟之後，再加入雞肉繼續燉煮，直到雞肉煮熟為止。

3 將**2**盛裝到容器中即可完成。

食物過敏

屬於過敏原的食材應該要換成什麼比較好呢？

只要使用與過敏原測試中陽性食材有相同營養素的食材即可！

食物過敏的因應對策！

替換食材一覽表

打造健康身體和活化腦部不可或缺的◆蛋白質替換食材

不能吃的食材	食材中所含的營養素及其功效	可替換的食材
魚	**omega-3脂肪酸（DHA、EPA）** 維持腦部功能正常、讓血流更順暢	亞麻仁油、荏胡麻油、核桃、芝麻
	維生素D 促進鈣質吸收	乾香菇、植物油、木耳
	菸鹼酸 促進醣類、脂質的代謝	糙米、核果（芝麻、杏仁）、舞菇
牛肉	**維生素B_2** 輔助皮膚或黏膜的細胞生成、促進發育	納豆、海苔、埃及國王菜
	鐵 在體內運送氧氣防止貧血	綠色蔬菜、納豆、羊栖菜、小魚乾
	鋅 維持皮膚健康、促進發育	大豆、納豆、海苔、芝麻
豬肉	**維生素B_1** 幫助醣類分解、消除疲勞	糙米、大豆、四季豆
	維生素B_2 輔助皮膚或黏膜的細胞生成、促進發育	納豆、海苔、埃及國王菜
	菸鹼酸 促進醣類、脂質的代謝	糙米、核果（芝麻、杏仁）、舞菇
雞肉	**甲硫胺酸** 降低血中膽固醇濃度、去除活性氧	菠菜、水果、核果、豌豆仁、豆腐
	維生素A 維持皮膚、黏膜和眼睛的健康、預防感染症	黃綠色蔬菜、海苔、海帶芽
	亞麻油酸、油酸 降低血中膽固醇濃度	橄欖油、紅花油、玉米油
	維生素B_2 輔助皮膚或黏膜的細胞生成、促進發育	納豆、海苔、黃麻菜

有時候是因為病原體感染才導致症狀出現

有些飼主會帶著之前在國內其他醫院被診斷出有「食物過敏」的狗狗來本院就診，而在檢查過這些狗狗「到底體內發生了什麼問題」後，發現其中有很多都疑是因為消化器官被病原體感染而出現問題。若將這些案例排除的話，會發現一個令人驚訝的結果，那就是即使在過敏原測試結果呈現陽性的食材，有些狗狗吃了也不會出現症狀。由此可知，儘管與一般的說法不太一樣，不過狗狗會出現症狀或許並非只是因為食材的關係。

有些狗狗因為食物過敏的關係很多食物都不能吃，可以試著替換成下方的食材，讓牠們至少能攝取到相關的營養素。

食材	營養素	功效	替換食材
雞蛋	維生素B_2	輔助皮膚或黏膜的細胞生成、促進發育	納豆、海苔、埃及國王菜
	維生素A	維持皮膚、黏膜和眼睛的健康、預防感染症	黃綠色蔬菜、海苔、海帶芽
	維生素D	促進鈣質吸收	乾香菇、植物油、木耳
乳製品	維生素B_2	輔助皮膚或黏膜的細胞生成、促進發育	納豆、海苔、埃及國王菜
	維生素A	維持皮膚、黏膜和眼睛的健康、預防感染症	黃綠色蔬菜、海苔、海帶芽
	鈣質	形成骨骼和牙齒、精神安定	小魚乾、納豆、小松菜、羊栖菜
大豆	維生素B_1	幫助醣類分解、消除疲勞	糙米、大豆、四季豆
	鐵	在體內運送氧氣防止貧血	綠色蔬菜、納豆、羊栖菜、小魚乾
	膳食纖維	消除便祕、防止血糖值急速上升	海藻類（羊栖菜、海帶芽）、水果、糙米、薯類、香菇

補充能量、活化腦部不可或缺的◆醣類替換食材

食材	營養素	功效	替換食材
小麥	維生素B_1	幫助醣類分解、消除疲勞	糙米、大豆、四季豆
	維生素E	抗氧化作用	乾香菇、植物油、核果、南瓜
	膳食纖維	消除便祕、防止血糖值急速上升	海藻類（羊栖菜、海帶芽）、水果、薯類、香菇
玉米	維生素B_1	幫助醣類分解、消除疲勞	豬肉、鮭魚、四季豆
	維生素B_2	輔助皮膚或黏膜的細胞生成、促進發育	納豆、海苔、埃及國王菜、雞蛋、青魚類
	鉀	排出身體多餘的鈉	洋香菜、納豆、菠菜、山藥
	膳食纖維	消除便祕、防止血糖值急速上升	海藻類（羊栖菜、海帶芽）、水果、薯類、香菇
穀類	維生素B_1	幫助醣類分解、消除疲勞	豬肉、鮭魚、四季豆
	菸鹼酸	促進醣類、脂質的代謝	核果（芝麻、杏仁）、舞菇、青魚類、豬肉、雞肉
	鐵	在體內運送氧氣防止貧血	青魚類、羊栖菜、小魚乾、納豆
	膳食纖維	消除便祕、防止血糖值急速上升	海藻類（羊栖菜、海帶芽）、水果、薯類、香菇

能夠替換的食材有非常多種類可以選擇

針對食物過敏，一般的治療法通常是將過敏原的食材移除，這種方式雖然可以解決當下的問題讓飼主放心，不過接下來又會產生「那這樣營養會不會不夠均衡」的新擔憂，這時候就可以參考上方的表格來替換食物。當然每隻狗狗的情況都不一樣，這種方式也無法說絕對沒有問題，不過這是在本院經常會使用到的替換表，大家可以試著利用看看。其中蔬菜的部分建議用磨成泥的方式餵食。如果這樣還是無法解決問題的話，我個人認為就有可能不是食材方面的問題，而是有其他的「根本原因」。

驗證 7

Q 該如何餵狗狗吃蔬菜比較好？還是說根本不要餵牠們吃蔬菜呢？

「狗狗原本就是吃肉的所以無法消化蔬菜，讓牠們吃蔬菜只是增加腸胃的負擔而已。」「如果要餵狗狗吃蔬菜的話，必須另外給消化酵素。」「蔬菜一定要磨成粉狀才能餵狗狗吃。」「如果不把蔬菜先冷凍過一次破壞細胞壁的話就無法吸收其中的營養。」「要餵蔬菜的話，最好只餵一點點就好。」這麼多的坊間傳言中，哪個是真的呢？要怎麼樣才能讓狗狗吸收到鮮活的營養素呢？請醫師告訴我。

A 在看到這種類似的資訊時，希望大家最好能養成去思考「實際上到底是如何呢」的習慣。首先，狗狗雖然是肉食動物，但並不表示牠們吃了肉以外的食物就會死亡。再來，在自然界裡也會有無法捕捉到獵物的時候，這個時候比起只能以肉類為食的個體，原則上當然是「擁有雜食傾向的個體對生存會更有利」。並且，這個世界上也有因為一吃肉就會出現過敏症狀而不得不吃素的狗狗，而牠們「事實上」也健健康康地活了很多年，這些案例可都是難以磨滅的真實案例。由於生物擁有「適應環境」的能力，像那種完全不能讓牠們吃蔬菜的説法，難道不會過於極端了嗎？而且不論是人類還是狗狗，體內都不具有能夠消化膳食纖維的酵素，但我們卻從未聽過有因為吃了蔬菜而導致營養不良致死的案例，如果真的有不舒服的情況，以我多年看診的經驗來看，那也並非是蔬菜所致，而是消化器官本身出現了問題。

驗證2

Q 既然人類在減重的時候，可以利用蒟蒻或菇類等不容易消化吸收的食材來增加飽足感，那為什麼不能餵給狗狗無法消化的食物呢？

我經常會聽到「不能在狗狗的飯裡加入無法消化吸收的食物」的這種說法，可是這是絕對的嗎？食物不經過消化、吸收直接排到體外，真的會對狗狗的身體造成傷害嗎？

A 首先，不只是狗狗，人類的體內也不具有足以消化膳食纖維的酵素。再來，很多狗狗都有在吃蔬菜，飼料中也有添加膳食纖維，而這些狗狗都活得很健康，所以根本不用去擔心這種事情。而且如果狗狗不能吃蔬菜的話，那在危險食物的排行榜裡，蔬菜豈不是應該要比堅硬的「骨頭」排名更前面嗎，而實際上並非如此。

讓我們來思考看看「實際上到底是如何」吧。想想看我們在吃蒟蒻、香菇或蔬菜的時候，會傷害到自己的腸道嗎？牛在吃下做為食物的乾草之後，雖然看起來好像會傷害到口腔或食道的樣子，但在食物抵達腸道之前，胃部會將食物消化成粥狀，只會讓變得軟爛的食物進入腸道，如果遇到難以消化成粥狀的食物時，身體所採取的處理方式則是將食物「吐出去」。再加上無法消化的膳食纖維其實是控制糞便質地的重要因素，也許在營養方面沒有明顯的價值，但卻是維持健康的重要「第六營養素」。

請正確理解資訊後再加以利用

狗狗不能吃的食物的謠言與真相

儘管各種資訊看起來很錯綜複雜，但最重要的是區別「危險」和「應多加注意」的食物。

真的不能給狗狗吃到的食物

也許很多人都已經知道這個觀念，不過為了以防萬一，還是簡單列出不能給狗狗吃的食物。

◆蔥類 ◆「生」的花枝、章魚
◆可能會傷害消化器官的食物（例如尖銳的硬骨）
◆常態性讓狗狗吃「生」蛋白
◆巧克力
◆馬鈴薯芽（茄鹼）
◆辛香料

這些都是很有可能對狗狗身體造成不良影響的食材。

是食材本身的問題？還是農藥或運送過程中的問題？

大家應該要知道，針對食品安全問題，就算是再微小的擔憂，也會引起大家的注意。如果吃下A食材後身體有不舒服的情況時，除了可能是A食材本身的問題所造成之外，也有可能是A食材的栽培過程、加工過程或運送過程中，有某種物質附著在A食材的表面所導致。在這種情況下，即便原因不明，一般也會發出警告要大家特別去注意食用A食材的安全問題。

有必要特別小心嗎？真的吃了就會死嗎？

人類每年都會有因為吃麻糬而導致噎死這種令人遺憾的意外，儘管如此，並沒有因此出現麻糬是不能吃的食物這種說法，就如同這個例子一般，其實這往往只是少數的個案而已。可惜的是現在針對寵物的食材，經常會演變出「一定要特別小心」、「絕不能吃」、「一吃就會死」等過於偏激的資訊，而這只不過是造成飼主非必要的擔憂罷了。

狗狗一旦吃下大量葡萄的話會有危險？

大家是否有聽過「狗狗吃到葡萄的話會有危險」？而這到底是葡萄本身的問題，還是葡萄表面附著的農藥所造成，相關原因至今仍舊不明。而且明明大部分的狗狗吃下葡萄都沒有出現問題，但就是有些狗狗在吃下葡萄後的三天內會引起急性腎衰竭，引發的理由目前也尚未得知。另一方面，法國自古以來就沒有傳出有關這方面的問題。順帶一提我個人曾在人類的醫院實習期間，遇到過一位吃了兩串巨峰葡萄後出現癡呆症狀的女性病患，這位病患在經過農藥的排毒治療後就恢復正常了。

酪梨會讓狗狗生病嗎？

這項資訊起源於一篇有關南非有兩隻狗狗在吃下酪梨之後，出現嘔吐、下痢、水腫等症狀的論文，而造成這些症狀的原因是一種名為「Persin」的物質。另一方面，也有資訊指出飼養在酪梨農場的狗狗，每到收成季節時，有時一天會吃好幾顆酪梨，但身體仍非常地健康。而我個人目前則是尚未有見過飼主在鮮食中加入酪梨後狗狗吃出問題的案例。雖然我不清楚這個問題到底是與酪梨的品種有關，還是與酪梨表面的農藥或是食用量多寡有關係，但總而言之，或許還是避免讓狗狗吃下「大量」的酪梨比較好。

要注意精製過的木糖醇

這項資訊起源於一篇狗狗吃下「精製過」的木糖醇後，會出現肝衰竭或低血糖症狀的論文。後來則是發展成含有木糖醇的草莓或萵苣都有可能對狗狗造成危害，但其實這種不合邏輯的說法只會造成飼主無謂的不安而已。詳情可參考本院網站上的資訊，不過簡單來說，體重一公斤的吉娃娃犬，若是吃下兩公斤的萵苣的確有可能造成危險，不過如果真的吃下這種分量的話，我想狗狗身體出問題也不是因為木糖醇了。雖然有關食物危險性的警告非常重要，但有這個可能性與實際上是否會發生，其實還是有所區別。

雖然有助於維持健康，但要注意餵食分量！

對狗狗健康有所幫助的香草藥

香草藥所需的分量不必多，有些香草藥只需少許的分量就能對維持狗狗健康狀態有所幫助。

狗狗也能服用香草藥嗎？

適合狗狗的香草藥

香藥草名稱	功效	服用方法
紫花苜蓿	抗發炎、抗氧化、利尿、關節炎、預防癌症、膀胱炎	混在鮮食中、香草藥茶
燕麥	強身、促進消化、抗發炎	混在鮮食中、香草藥茶、浸泡液、萃取液
蒔蘿	健胃、促進泌乳、抗菌、利尿	混在鮮食中、香草藥茶、萃取液
牛至	促進消化、鎮痛	混在鮮食中、香草藥茶、浸泡液
芫荽	增進食慾	混在鮮食中、香草藥茶
德國洋甘菊	鎮痛、消炎、膀胱炎、花粉症、皮膚炎、促進消化	混在鮮食中
薑黃	淨化血液、鎮痛、抗黴菌、抗發炎、抗氧化、強化肝功能	混在鮮食中
生薑	促進消化、發汗、殺菌、皮膚炎	混在鮮食中、香草藥茶、浸泡液、萃取液
鼠尾草	抗菌、促進消化、抗感染、預防口內炎與牙齦發炎	混在鮮食中、香草藥茶、浸泡液、萃取液
百里香	抗菌、促進消化、抗感染、預防口內炎與牙齦發炎	混在鮮食中
芹菜	利尿、鎮痛	混在鮮食中
洋香菜	降低血壓、補充營養、利尿、緩和關節炎症狀、抗菌	混在鮮食中
亞麻	補充營養、抗氧化、強身	混在鮮食中
羅勒	腹痛、消除便祕、促進消化	混在鮮食中、香草藥茶、浸泡液、萃取液
茴香	促進消化、解毒、利尿、促進泌乳	混在鮮食中、香草藥茶、浸泡液、萃取液
薄荷	促進消化、抗菌、發汗、刺激胃部	混在鮮食中、香草藥茶、浸泡液、萃取液
萬壽菊	抗發炎、促進傷口癒合、抗菌、強肝	混在鮮食中、香草藥茶
玫瑰果	利尿、強身、便祕、美肌	混在鮮食中、香草藥茶、萃取液（和肉類、馬鈴薯十分相合）
迷迭香	強身、鎮痛、抗氧化、抗菌	混在鮮食中、香草藥茶、萃取液（和肉類、馬鈴薯十分相合）
大蒜	抗菌、抗氧化、抗黴菌	混在鮮食中

遵從專家的建議靈活運用

在植物中，有像烏頭這種本質上為劇毒但根據使用方法也可成為藥物、使用安全範圍很侷限的植物，但也有像白蘿蔔這種不論怎麼吃都很安全的植物。前者的使用必須要加以規範，後者則是在超市中即可購得。而香藥草就介於這兩者之間，只需少量使用就有助於維持健康。有關在什麼情況下應該使用何種香藥草以及使用多少分量，請向專家諮詢後再進行使用。

烹調重點

「為了保持體力，記得不要讓狗狗偏食！魚肉＋黃綠色蔬菜＋植物油的搭配組合，就是一頓具有抗老化作用的鮮食，若能加上少許香藥草效果會更好。使用香藥草的時候記得只需要加入少量，以免香氣過重。」

想要讓狗狗一直保有青春活力！

有效對抗老化的藥草

1 迷迭香
促進血液循環、增進活力、回復青春的香藥草

2 鼠尾草
強身作用、抗氧化作用

3 生薑
滋養強身、解毒作用

4 玫瑰果
美肌、防止老化

5 肉桂
解毒作用、溫暖身體

抗老化的五大營養素

1 DHA、EPA
讓血流更順暢、強化腦部功能

含有的食材 ---- **竹莢魚、沙丁魚、鯖魚、鰹魚、鮭魚、鮪魚、小魚肝、柳葉魚**

2 β-胡蘿蔔素
防止老化、抗癌、抗氧化作用

含有的食材 ---- **胡蘿蔔、南瓜、菠菜、番茄、埃及國王菜、山茼蒿**

3 維生素E
防止細胞老化、促進血液循環、預防生活習慣病、抗氧化作用

含有的食材 ---- **植物油、堅果（杏仁、花生）、芝麻、南瓜、沙丁魚**

4 維生素C
抗壓、抗氧化作用、強化免疫力

含有的食材 ---- **青花菜、青椒、南瓜、番薯、小松菜、水果**

5 植物化學成分
體內淨化、強化免疫力、抗氧化作用

含有的食材 ---- **茄子、大豆、蘋果、芝麻、蕎麥、鮭魚、黃綠色蔬菜、高麗菜、白蘿蔔、菇類**

（※植物化學成分→類胡蘿蔔素、多酚類、萜烯類、β-葡聚醣、硫化物）

結語

從我因為父親腦中風倒下而開始研究飲食療法以來，我就一直秉持著「不完全否定寵物飼料，但希望能提供大家一個關於自製鮮食的選項可以選擇」以及「透過自製鮮食也能讓寵物重新獲得健康」的信念從事動物醫療，而至今已過了九年。

雖然一開始在提供飲食相關的建議時，我都會建議飼主要進行嚴密的營養計算工作，不過我的經驗是幾乎所有的飼主都會瞞著我「省去這道手續（笑）」然後告訴我：「雖然真的治好了，但其實我並沒有照醫師說的那樣去準備鮮食，而只是隨意地煮一煮而已……真是不好意思。」

而從全國各地飼主的經驗來看，我也了解到「就算沒有進行複雜的營養計算工作，也不一定會讓狗狗生病，不過當然也不是表示可以只讓狗狗吃高麗菜」。

另外我也漸漸了解到，對於疾病會一再復發的狗狗，除了可能飲食方面有問題之外，更可能是生活環境中有必須要改善的地方，或者是有些疾病「解決方法本質上根本與飲食內容無關」。

再來就是「狗狗吃了碳水化合物就會罹癌」「各種肉類必須要輪流吃，否則就會產生過敏」等過去以為是事實的說法，如今我也知道與事實並不相符。

而過去在面對來自讀者們所提出的眾多問題時，由於已超出我一個人所能應付的範圍而煩惱不已的情況，在經過舉辦育成課程培養出許多和我一樣擁有專業知識的講師後，現在也已演變成講師們靈活運用所學的知識與大家一起分享的環境。

我很希望將來能有更多的人能夠一起共享與發展有關自製鮮食的各種知識，因此未來我們也將持續提高我們的資訊品質並發送給大家，除了不斷開發與提出「有效的選項」給各位飼主參考並解決問題外，也希望我們的資訊能夠讓每位飼主都能接受。

為了達到這個目的，我們很需要讀者們親身去實踐並提供我們相關的經驗談，請大家多多指教。最後，衷心地感謝各位讀者們願意本書閱讀直到最後，謝謝。

Information

〈食品、營養補充品〉

各位讀者如果對使用安心食材的寵物食品，或是特別加強排毒效果的營養補充品有興趣的話，請至須崎動物醫院的官網洽詢。

〈免費電子報〉

定期發行有關自製鮮食之經驗談與最新資訊的電子報，可在電腦和手機上查閱，歡迎有興趣的人上官網登錄。

〈想要正式學習的讀者〉

針對想要認真學習狗狗自製鮮食等相關資訊的讀者，目前已開辦函授課程「寵物學院」，請至http://www.1petacademy.com/ 網頁查詢。

〈寵物飲食教育協會〉

在各地舉辦「寵物自製鮮食入門講座」，由協會認證的講師授課，提供想要輕鬆了解鮮食相關知識的飼主們參加。以透過飲食讓寵物過著更舒適的生活為宗旨，培育講師推廣飲食教育之相關知識，並舉辦推廣活動傳遞正確的訊息。（網址：http://apna.jp/）

◆聯絡資訊◆

【須崎動物醫院】

〒193-0833　東京都八王子市目白台2-1-1 京王目白台大樓A棟310號室

Tel：042-629-3424（週一～週五10：00～13：00、15：00～19：00／假日除外）

Fax：042-629-2690（24小時受理）

官網網址（電腦版）：http://www.susaki.com

官網網址（手機版）：http://www.susaki.com/m/

E-mail：pet@susaki.com

※院內之診療、複診和電話諮詢為完全預約制。

【Wan's Cafe Club】

狗狗自製鮮食專門店，由擁有寵物飲食教育協會高級講師、寵物營養管理師及營養師資格的諸岡里代子小姐擔任店長，除了提供飼主和寵物都能享用的美味餐點之外，也是推廣寵物飲食教育和舉辦相關活動的場所。

http://www.rakuten.co.jp/wans-cafe/

Tel：092-215-0211　Fax：092-215-0212

E-mail：wans.cafe.club@m4.dion.ne.jp

國家圖書館出版品預行編目資料

親手做健康狗鮮食：針對疾病、症狀與目的之愛犬飲食百科 / 須崎恭彥著；高慧芳譯 . -- 再版 . -- 臺中市：晨星 , 2021.01

面；　公分 . --（寵物館；101）

ISBN 978-986-5529-81-9（平裝）

1. 犬 2. 寵物飼養 3. 食譜

437.354　　109016472

寵物館 101

親手做健康狗鮮食

針對疾病、症狀與目的之愛犬飲食百科

作者 須崎恭彥
譯者 高慧芳
主編 李俊翰
編輯 邱韻臻、林珮祺
排版 王志峯、曾麗香
封面設計 言忍巾貞工作室

掃瞄 QRcode，
填寫線上回函！

創辦人 陳銘民
發行所 晨星出版有限公司
台中市工業區 30 路 1 號
TEL：04-23595820　FAX：04-23597123
行政院新聞局局版台業字第 2500 號
法律顧問 陳思成律師
初版 西元 2016 年 08 月 29 日
二版 西元 2021 年 01 月 01 日
二版二刷 西元 2022 年 07 月 10 日

〔原書 STAFF〕
插畫／藤井昌子
食譜設計／諸岡里代子
食譜製作／山本美佳子、藤井聖子、中山仁、山本裕一

讀者專線 TEL：02-23672044 / 04-23595819#212
FAX：02-23635741 / 04-23595493
E-mail：service@morningstar.com.tw
網路書店 http：//www.morningstar.com.tw
郵政劃撥 15060393（知己圖書股份有限公司）

印刷 上好印刷股份有限公司

定價 350 元

ISBN 978-986-5529-81-9

AIKEN NO TAME NO SHOUJOU　MOKUTEKI BETSU SHOKUJI HYAKKA
© YASUHIKO SUSAKI 2009
All rights reserved.
Original Japanese edition published by KODANSHA LTD.
Traditional Chinese publishing rights arranged with KODANSHA LTD.
through Future View Technology Ltd.
本書由日本講談社正式授權，版權所有，未經日本講談社書面同意，不得以任何方式作全面或局部翻印、仿製或轉載。

版權所有 · 翻印必究
(如有缺頁或破損，請寄回更換)